Roland Büchi

Faszination Multicopter

Technik · Elektronik · Flugpraxis · GPS · Foto- und Filmaufnahmen

Faszination Multicopter

Technik • Elektronik • Flugpraxis • GPS •

Foto- und Filmaufnahmen

Roland Büchi

Verlag für Technik und Handwerk neue Medien GmbH
Baden-Baden

vth-Fachbuch
Best.-Nr.: 310 2236

Redaktion: Oliver Bothmann
Lektorat: Alfred Klüß

Bibliografische Information der Deutschen Nationalbibliothek
Die Deutsche Nationalbibliothek verzeichnet diese Publikation in der Deutschen Nationalbibliografie; detaillierte bibliografische Daten sind im Internet über http://dnb.d-nb.de abrufbar.

ISBN 978-3-88180-451-6

Postfach 22 74, 76492 Baden-Baden

Printed in Germany
Druck: Griebsch & Rochol Druck GmbH, Hamm

Inhaltsverzeichnis

Über den Autor

Roland Büchi, geboren 1969, ist Professor in den Gebieten Elektronik und Regelungstechnik an der Zürcher Hochschule für Angewandte Wissenschaften. Nachdem er 1981 erste Erfahrungen mit Schiffs- und Automodellen gemacht hat, baut und fliegt er seit 1985 auch ferngesteuerte Flugmodelle. Eine sehr große Aufmerksamkeit widmet er außerdem generell dem Modellbau mit Elektroantrieben oder dem Einsatz von Elektronik. Er ist auch der Autor der 2011 und 2013 erschienenen VTH-Fachbücher „Brushless-Motoren und –Regler“ und „2,4-GHz-Fernsteuerungen“.

Den Modellbau erachtet er als ein sehr spannendes und lehrreiches Hobby, bei dem immer die modernsten Komponenten im kleinen Maßstab eingesetzt werden, ehe sie dann „im Großen“ Einzug halten. Man denke nur an die hochfesten Carbon-Verbundwerkstoffe, an die LiPo-Akkus oder die 2,4-GHz-Fernsteuerungen.

Mit dem faszinierenden Hobby der Quadrocopter befasst er sich seit 2004. Er kennt die Eigenschaften der gängigen Systeme seit dem Beginn dieser interessanten Entwicklung im Modellbau des frühen 21. Jahrhunderts. Er ist mit ihnen geflogen und hat sie getestet. Außerdem setzt er die dazu verwendete Technik auch für Forschungs- und Entwicklungsprojekte ein.

Vorwort

Für den Multicopter gibt es viele Namen, er wird auch „Quadrotor", „Mikrocopter", „Quadrocopter" oder einfach „Ufo" genannt. Diese Modellbausparte ist sehr jung. Sie nahm ihren Anfang zu Beginn des neuen Jahrtausends mit kommerziellen Produkten für fliegende Kamerainspektionen. Die Hobbyanwender konnten im Jahre 2005 ihre ersten Systeme fliegen lassen, als erste Spielzeugfirmen relativ günstig zu erwerbende Spielzeuge mit vier in der Waagerechten angeordneten Propellern auf den Markt brachte. Erst die heutige Mikroprozessortechnologie, welche Sensoren zur Lagestabilisierung auswerten und die Drehzahlen der Motoren entsprechend verändern kann, erschloss dieses faszinierende Thema für den Modellbau.

Das vorliegende Buch soll dazu beitragen, das Funktionsprinzip, die eingesetzten Motoren, Sensoren und Steuersysteme zu verstehen und andererseits einen Überblick zu geben, was heute mit dieser Technik alles machbar ist.

Wer sich für den Kauf eines Quadrocopters entscheidet, wird heute meistens ein Ready-to-fly- (RTF-) Modell erwerben. Wie bei den Modellhubschraubern gibt es diese Quadrocopter in ganz vielen Ausführungen, teilweise sogar inklusive einem kleinen Fotoapparat und einer Fernsteuerung. Hier wird ein Überblick gegeben, was mit solchen Systemen alles möglich ist. Alternativ kann man den Quadrocopter aber auch aus Einzelkomponenten selbst zusammenstellen und bauen. Es werden dazu Systeme von verschiedenen Herstellern angeboten. Hier wird der Zusammenbau interessant, denn dieser und die Inbetriebnahme sind dann Sache des Modellbauers. Deshalb enthält das Buch auch Tipps für die Verkabelung und den Bau oder Kauf des Rahmens, welcher die Komponenten tragen und dabei leicht und stabil sein muss.

Die Kapitel „etwas Flugmechanik", „Einstellung der Regler" und „Auslegung von Motoren und Propellern" beinhalten etwas mehr Theorie. Diese ist jedoch nur als Bindeglied zur Praxis gedacht und wird auch nur soweit ausgeführt, wie es nötig ist, um die grundlegende Funktionsweise zu verstehen. Die wichtigsten Erkenntnisse werden am Ende dieser Kapitel immer in Kurzform – basierend auf der Theorie – dargestellt.

Die Einstellung der Regler ist deshalb von großer Bedeutung, weil auf viele Steuersysteme neue Softwareupdates und individuelle Parameter per PC-Schnittstelle geladen werden können. So kann bei jedem Quadrocopter je nach Belieben ein agiles Verhalten für den Kunstflugpiloten oder ein gutmütiges Verhalten für den Schwebepiloten erreicht werden.

Das autonome Navigieren mittels GPS und das Erstellen von Fotos und Filmen aus der Vogelperspektive erfreuen sich heute auch im Hobbybereich einer wachsenden Beliebtheit. Deshalb ist auch dieser Thematik ein eigenes Kapitel gewidmet. Es werden hier zuerst einige Grundkenntnisse über die GPS-Navigation vermittelt. Dann wird insbesondere das Anfliegen von Punkten in der Luft besprochen, bei welchen der Quadrocopter dann stehen bleiben kann. Von dieser Perspektive aus kann der Quadrocopter-Pilot dann seine Fotos oder Videos mit dreh- und schwenkbaren Kameras erstellen und diese entweder auf dem Quadrocopter zwischenspeichern oder sie gleich sofort zur Bodenstation senden. Hier wird diskutiert, was die modernen Kamera- und Funksysteme alles zu leisten vermögen.

Es gibt auch Systeme mit einer anderen Anzahl von Propellern als deren vier. Deshalb werden auch Tricopter, Hexacopter und Octocopter mit drei, sechs und acht Propellern behandelt. Ihre Eigenschaften werden diskutiert und auch miteinander verglichen. Multicopter sind symmetrische Fluggeräte, deshalb ist ihre Orientierung in der Luft nicht immer einfach zu erkennen. Zur besseren Sichtbarkeit können Depronaufbauten in verschiedenen Formen und Farben realisiert werden. Der Fantasie sind eigentlich keine Grenzen gesetzt, ob es sich nun um Semi-Scale-Modelle oder eigene Kreationen handelt. Ein Kapitel behandelt dieses Thema und gibt einige Hinweise und Anregungen zu solchen Konstruktionen und Aufbauten.

Auch der sicheren Inbetriebnahme und dem Erstflug wird ein Kapitel gewidmet. Es werden dort einige Tipps vermittelt und einige Hilfestellungen gegeben, worauf man besonders achten sollte, wenn man einen Quadrocopter zum ersten Mal baut und fliegt. Zum Ende des Buches werden dann auch einige Literaturhinweise aufgelistet.

1. Funktionsweise

1.1 Steuerfunktionen

Quadrocopter sind Fluggeräte mit vier Propellern. Sie besitzen dieselben Steuermöglichkeiten wie Hubschrauber. Abbildung 1 veranschaulicht diese. In den weitaus meisten Fällen wird die Knüppelzuordnung bei der Fernsteuerung so gewählt, wie in Abbildung 2 abgebildet, es gibt aber auch Modellpiloten, welche die linke und rechte Seite vertauschen.

„Nick“ beschreibt die Kippbewegung nach vorne und hinten. Dazu muss der rechte Knüppel nach vorne (im Bild nach oben) gedrückt bzw. nach hinten (im Bild nach unten) gezogen werden.

„Roll“ beschreibt die Kippbewegung nach links und rechts. Dazu muss der rechte Knüppel nach links bzw. rechts bewegt werden.

„Gier“ beschreibt die Rotation um die Hochachse (Z). Der linke Knüppel wird zum Gieren nach links bzw. nach rechts bewegt. Oftmals hört man auch das englische Wort für Gier, nämlich Yaw.

Abbildung 1: Steuermöglichkeiten

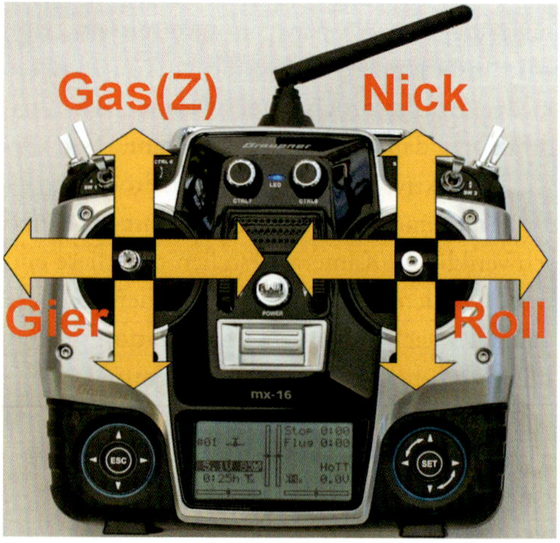

Abbildung 2: Knüppelzuordnung

„Gas“ beschreibt die Bewegung entlang der Hochachse (Z). Ist der linke Knüppel unten, bedeutet dies Sinkflug, ist der linke Knüppel oben in der Vollgasstellung, bedeutet dies Steigflug.

1.2 Physikalische Bewegung

Es stellt sich nun sofort die Frage, wie ein Quadrocopter physikalisch mit den obengenannten Funktionen gesteuert werden kann. Als Vergleich dazu soll wieder ein Hubschrauber dienen. „Nick“ und „Roll“ werden dort durch eine sogenannte Taumelscheibe realisiert. Sie sorgt

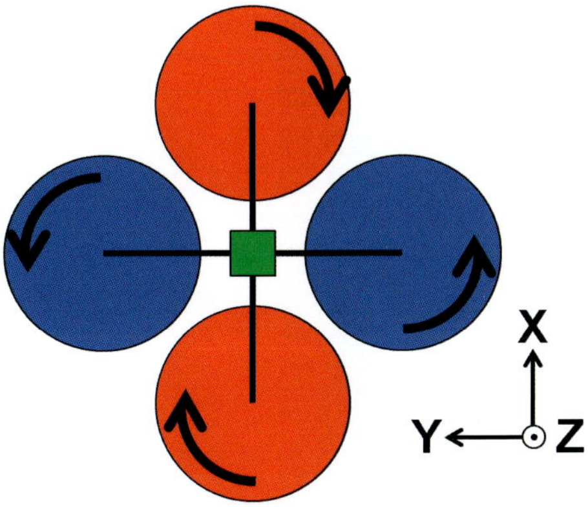

Abbildung 3: Je zwei links- (blau) und rechtsdrehende (rot) Propeller, Ansicht von oben

letztlich dafür, dass sich die Schubwirkung des Hauptrotors gegenüber dem Modellrumpf um einen bestimmten Winkel verschiebt. „Gas" wird durch das Verstellen „Pitchen" der Steigung der Rotorblätter erreicht, während das „Gieren" durch eine Drehzahländerung, bei einigen Modellen auch „Pitchen" des Heckrotors realisiert wird. Wer schon Hubschrauber gebaut und geflogen hat, weiß, dass dies alles eine relativ komplizierte Mechanik erfordert. Eine unsanfte Landung verzeiht sie einem oftmals nicht. Verbogene Gestänge, abgerissene Kugelköpfe und teure Reparaturen sind dann die Folge. Viele haben sich dadurch vom Modellhubschrauber, der sogenannten Königsklasse des Modellbaus wieder abgewendet.

Quadrocopter, welche wie oben erwähnt dieselben Steuerungsmöglichkeiten aufweisen, zeichnen sich im Gegensatz dazu durch eine viel einfachere und dadurch auch massiv weniger empfindliche Mechanik aus: es sind vier Motoren, welche starr mit zwei rechts- und zwei linkslaufenden Propellern verbunden sind – fertig. Alles andere übernimmt eine dafür etwas aufwendigere Steuerungsplatine. Abbildung 3 verdeutlicht dies.

„Nick" wird physikalisch durch eine Drehzahländerung der roten Propeller erreicht. Soll sich der Quadrocopter in X-Richtung bewegen, dreht sich der Untere schneller und der Obere langsamer. Dadurch wird eine Neigung und danach eine Drift nach vorne erzielt.

„Roll" wird durch eine Drehzahländerung der blauen Propeller erreicht. Eine Bewegung in Y-Richtung erfordert eine höhere Drehzahl des rechten und eine tiefere des linken Propellers.

Der Hauptrotor eines Hubschraubers erzeugt wegen seiner Verwindung ein Drehmoment um die Hochachse (Z). Zum Ausgleich dient der Heckrotor. Die je zwei rechts- und linksdrehenden Propeller des Quadrocopters sorgen dafür, dass sich dieses Drehmoment ausgleicht und ein Heckrotor somit entfallen kann. „Gier" wird dadurch erreicht, dass beide roten Propeller eine andere Drehzahl erfahren als beide blauen. Ein „Gier" im Gegenuhrzeigersinn (Ansicht von oben) erfordert eine höhere Drehzahl der roten Propeller und eine tiefere der blauen.

Eine Veränderung von „Gas" erfordert eine Änderung der Drehzahlen aller Propeller gemeinsam. Im Steigflug weisen alle Propeller eine höhere Drehzahl auf.

Wie eingangs erwähnt, werden Quadrocopter und Hubschrauber mit denselben Funktionen gesteuert und weisen auch dieselben Bewegungsmöglichkeiten auf – das heißt fast. Aufgrund der Steuerung über die Drehzahl ist es nicht möglich, stabil über Kopf zu fliegen und „den Rasen zu mähen", wie es einige Piloten mit ihren pitch-gesteuerten Hubschraubern demonstrieren. Loopings hingegen sind mit Quadrocoptern möglich, sie werden etwa so geflogen wie mit einem Flächenflieger, wobei das Gas kurz vor dem Scheitelpunkt etwas weggenommen und für die anschließende Stabilisierung in der Schwebelage wieder kräftig angezogen wird.

1.3 Flug in „+"- oder „x"-Konfiguration

Da ein Quadrocopter ja völlig symmetrisch aufgebaut ist, ist die Frage gerechtfertigt, wo denn da vorne ist. Die meisten Modellpiloten halten

Abbildung 4: In der Realität wäre wohl ein Überrollbügel sinnvoll

es so, wie in der Abbildung 3 dargestellt und kennzeichnen den vorderen Ausleger mit einem Stück Klebeband oder einer anderen Farbe des Propellers. Diese Flugkonfiguration wird „+“-Konfiguration genannt. Die völlige Symmetrie hat aber auch ihre Tücken. So lassen Quadrocopter Piloten ihre Flugmodelle selten weiter als 50 m von sich entfernt fliegen, weil sie dann nicht mehr richtig erkennen können, wo vorne ist. Das Wort „Flugmodell“ ist ebenfalls diskussionswürdig. „Ein Modell wovon?“ könnte da etwa die Frage eines eingefleischten Flugmodellbauers lauten. Viele Quadrocopter Piloten sind deshalb zu einer anderen Fluglage übergegangen, zur sogenannten „x“-Konfiguration. Hierbei ist nicht ein Ausleger vorne, sondern die Mitte zwischen zwei Auslegern. Es gibt Steuerungsplatinen, welche das in der Konfiguration unterstützen und intern eine sogenannte Koordinatentransformation vornehmen. In jedem Falle kann aber problemlos auch seitens der Fernsteuerung eine „x“-Konfiguration erreicht werden, indem man einfach die V-Leitwerkeinstellung einstellt, welche Höhen- und Seitenruder (hier Nick- und Roll) entsprechend koppelt. So entsteht der Vorteil, dass das Modell mit einem Rumpf, beispielsweise aus Depron versehen werden kann. Damit ist einerseits die Lage immer klar und es ist möglich, in größerer Entfernung zu fliegen; andererseits bringt dies die Quadrocopter etwas näher zu den „richtigen“ Flugmodellen, indem der Kreativität beim Rumpfbau etwas Rechnung getragen wird. Abbildung 4 zeigt ein Beispiel eines Modells in „x“-Konfiguration (eines Vorbilds aus der Zukunft?). Weitere Beispiele und Fotos von Rümpfen sind in Kapitel 8 zu finden.

1.4 Ready-to-fly-Quadrocopter

Zu Beginn der Entwicklung konnte man die Bauteile für Quadrocopter nur einzeln kaufen, es gab damals nur wenige Komplettsysteme. Man musste so also die Steuerelektronik, Brushless-Regler, Motoren, Propeller und Rahmen selbst zusammenbauen und danach eine entsprechende Software auf das System laden. Diese Bauart erforderte ein gutes Maß an technischem Verständnis über die Funktion der einzelnen Komponenten. Selbstverständlich geht dieses Buch in den

nächsten Kapiteln vertieft in die Funktion dieser Komponenten ein.
Die fortschreitende Entwicklung der Elektronik hat es aber in den letzten Jahren ermöglicht, dass die Quadrocopter heute von sehr vielen Anwendern hauptsächlich als Komplettsysteme und RTF, also „Ready-to-fly" erworben werden können. Es ist also heute für den puren Flugspaß gar nicht mehr unbedingt nötig, die Technik dieser faszinierenden Systeme bis ins Detail zu verstehen. Und das ist auch deshalb gut, weil die Quadrocopter so für einen immer breiteren Kreis von Modellpiloten zugänglich gemacht werden können. Oftmals sind es auch Modellpiloten von anderen Sparten, also Flug-, Heli-, Auto- oder Schiffsmodellbauer, welche sich einfach aus Neugier ein solches Fluggerät kaufen und dann schließlich darauf umsteigen.

Mit der Eroberung des „Ready-to-fly"-Marktes geht auch eine markante Preissenkung einher. In den ersten Jahren der Entwicklung musste man für einen Quadrocopter noch etwa so viel bezahlen wie für einen großen Modellhubschrauber, und da hat sich manch einer noch gut überlegt, ob er denn wirklich in dieses Hobby einsteigen will. Heute sieht man jedoch Quadrocopter in allen Größen und Preisklassen auf dem Markt. Es beginnt bei den Spielzeug-Quadrocoptern, welche klein sind und vielleicht nur für wenige Akkuladungen halten, bis irgend ein Teil irreparabel zerstört wird. Und es hört auf bei ganz großen Quadrocoptern mit mehreren Kilogramm Gewicht und einer Nutzlast, um Kameras für den Fotoflug zu transportieren.

Es lässt sich bei dieser Modellbausparte ein ähnlicher Trend feststellen wie bei den Helikoptern und den Flächenmodellen. Die kleineren und preiswerteren Systeme sind oftmals eher als „Ready-to-fly" gebaut, während die größeren Systeme als Bausätze erhältlich sind, mit der Möglichkeit vom Softwaredownload und dem Einbau von Erweiterungen.

Indoor – Outdoor

Die Abbildungen 5 und 6 zeigen RTF-Quadrocopter, welche man bereits für wenig Geld erstehen kann und welche schon nach wenigen Minuten einen guten Flugspaß versprechen. Man muss sie nur aus der Schachtel nehmen und den Akku aufladen, und schon kann es losgehen. Der Vergleich mit einem Kreditkartenformat zeigt auch, dass sogar ganz kleine Miniatur-Quadrocopter gebaut werden können. Es stellt sich dann oftmals auch die Frage, ob solche Systeme Indoor und Outdoor betrieben werden können. Die Sachlage verhält sich ähnlich wie bei den Koaxial-Hubschraubern. Auch dort sind die kleineren Systeme eher für den Indoor-Bereich geeignet, auch schon wegen der geringen Größe. Im Outdoor-Bereich weisen sie dann oft ganz einfach einen zu geringen Schub auf, als dass sie den Windeinflüssen gerecht werden könnten. Sie werden dann manch-

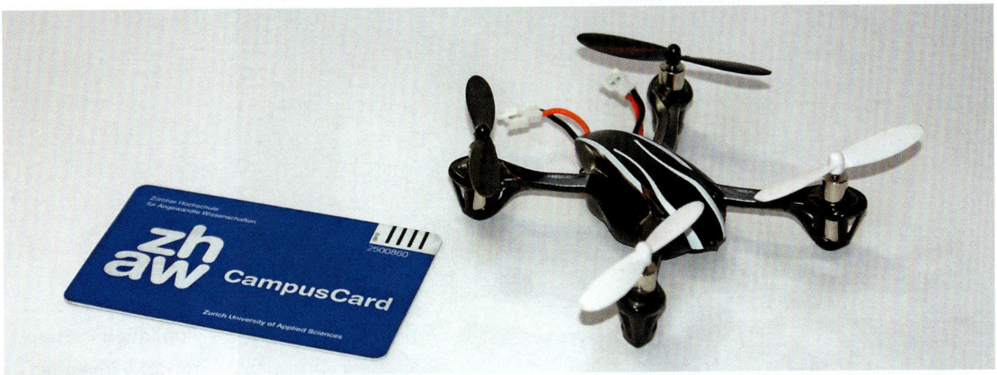

Abbildung 5: RTF-Quadrocopter können auch ganz klein sein, hier im Vergleich zum Kreditkartenformat

Abbildung 6: Ein RTF-Quadrocopter

mal regelrecht weggeblasen. Sobald die Systeme dann etwas größer als das Kleinstformat werden, kann man es bei windstillen Tagen schon einmal versuchen, sich damit nach draußen zu wagen und dort erste Flugversuche zu machen. Etwa ab einer Größe von 8“-Propellern (= 20 cm) reicht dann der erzeugte Schub schon recht gut aus, um im Outdoor-Bereich auch einmal leichtem Wind standhalten zu können. Dann wird es auch richtig interessant mit Outdoor Flügen, welche man mit eingebauten Kameras vornehmen kann.

Lieferumfang

Es gibt verschiedene Möglichkeiten für den Lieferumfang solcher RTF-Modelle. Meistens ist es jedoch schon so, dass zusätzlich zum fertig aufgebauten Quadrocopter auch schon die Fernsteuerung und vielleicht sogar ein kleines Ladegerät enthalten sind. Oftmals wird bei den ganz kleinen Systemen auch die Fernsteuerung als Ladegerät angezapft, um den Akku wieder aufzuladen.

Doch die Lieferumfänge der RTF-Modelle beinhalten heute vielfach auch weiteres Zubehör.

Abbildung 7: Quadrocopter im Koffer, bereit für den Flug

Abbildung 8: Quadrocopter mit integrierter Kamera

Abbildung 7 zeigt einen Quadrocopter, welcher in einem Flugkoffer untergebracht ist. Es handelt sich dabei um eines derjenigen Systeme, welche in der Grundausstattung erst einmal als RTF zusammen mit der Fernsteuerung gekauft werden können. Hier ist aber schon viel mehr dabei als bei den oberen Systemen. Es ist beispielsweise sogar ein GPS eingebaut, mit welchem der Quadrocopter per Knopfdruck seine aktuelle Position halten kann. Außerdem kann dieser Quadrocopter auch mit einem Kamerahalter, einem sogenannten Gimbal, erweitert werden. So kann er dann für einen Foto- und Filmflug auf Entdeckungstour geschickt werden. Es gibt hierbei sogar die Möglichkeit, das Smartphone auf die Fernsteuerung aufzusetzen und die erstellten Filme direkt mitanzusehen. Selbstverständlich sind solche Komplettsysteme etwas teurer als diejeni-

Abbildung 9: Fernsteuerung mit integriertem Display für die Bilddarstellung

gen, welche weiter oben gezeigt wurden. Bei deren Kauf sollte man sich immer zuerst überlegen, welche Zubehörteile man später gerne einsetzen möchte und sich informieren, ob diese für das jeweilige System auch erhältlich sind.

Ein gutes Beispiel eines RTF-Quadrocopter-Systems mit integriertem Videosystem ist auf den Abbildungen 8 und 9 dargestellt. Dieser Quadrocopter hat bereits eine Kamera eingebaut. In der mitgelieferten Fernsteuerung ist dann gleich noch ein Farbdisplay integriert. Dieses stellt während des Fluges die von der Kamera übermittelten Bilder dar. So hat der Quadrocopter-Pilot dann sowohl die Bilddaten des Quadrocopters im Blick und kann außerdem auch mit diesem Sichtkontakt halten. Er kann sich also, wenn er möchte, so fühlen, als wenn er selbst im Cockpit sitzen würde.

Es gibt bei vielen Quadrocoptern auch weitere Zusatzfunktionen, welche tolle Effekte in der Luft erzeugen können. So gibt es solche, welche auf Knopfdruck selbstständig Figuren abfliegen können, beispielsweise einen Flip, also eine Drehung um die Nick- oder Roll-Achse oder auch eine Drehung um die Hoch-Achse oder die Flugbahn einer Acht.

Grundsätzlich geht der Trend klar in die Richtung, dass es in der Zukunft noch mehr RTF-Quadrocopter auf dem Markt geben wird. Die einzelnen Zubehörteile können dann darauf montiert oder gesteckt werden. Mit der Software oder der Konfiguration muss sich der Anwender in der Zukunft eher noch weniger auseinandersetzen. Er wird für das Zu- und Wegschalten von Komponenten entweder nur Schalter umlegen müssen oder das System erkennt gleich selbst, welche Komponente gerade aktiviert ist und welche nicht.

Trotzdem werden die nächsten Kapitel ein vertieftes Verständnis über diese Komponenten geben. Gerade beim Kauf und beim Vergleich von verschiedenen Systemen untereinander kann es wichtig sein, die unterschiedliche Art der Sensoren, der Motoren, der Steuerelektroniken und deren Parameter zu verstehen. Wer außerdem auch noch einmal selbst etwas an sein System anbauen will, benötigt diese Informationen ebenfalls.

2. Komponenten eines Multicopters

Es gibt heute ganz verschiedene Quadrocopter auf dem Markt. Wie im letzten Kapitel besprochen wurde, werden heute viele als „Ready-to-fly" angeboten und sind direkt aus der Schachtel flugbereit. Da muss nur noch der Akku angeschlossen und die Fernsteuerung eingeschaltet werden und schon kann es losgehen mit dem Flugspaß. Aber es werden von einigen Herstellern auch Komponenten zum Selbstbau angeboten. Hier kann der Quadrocopter dann in ganz unterschiedlichen Ausführungen gebaut werden, angefangen von der Minimalvariante mit Gyrosensoren bis hin zum Expertensystem mit zusätzlichen Beschleunigungs- und Luftdrucksensoren, elektronischen Kompassen, GPS und schwenkbaren Kameras.

Die Quadrocopter, ob sie nun selbst gebaut sind oder nicht, haben aber alle ähnliche Komponenten eingebaut. Nicht alle Hersteller bie-

Abbildung 10: Basiskomponenten eines Quadrocopters

ten diese für alle Erweiterungen bis hin zum GPS-Quadrocopter an. Deshalb sollte man sich vor dem Entscheid, von welchem Hersteller der Quadrocopter oder die Komponenten bezogen werden sollen, bereits Gedanken darüber machen, welche Erweiterungskomponenten man später etwa einsetzen will und sich über die jeweilige Verfügbarkeit informieren, beispielsweise über das Internet. Wer mit dem Quadrocopter ausschließlich fliegen will, soll eines der vielen Komplettsysteme erwerben. Diesen haben meistens hervorragende Flugeigenschaften. Außerdem sind dann auch die Einstellungen und die Regler optimal auf das System abgestimmt. Oftmals können die Komplettsysteme aber nicht mit zusätzlichen Komponenten erweitert werden. Wer also mehr machen möchte, als nur zu fliegen, beispielsweise Softwareupdates laden, andere Aufbauten realisieren, usw., sollte sich eher für den Erwerb von einzelnen Komponenten entscheiden und diese dann selbst zusammenbauen.

Abbildung 10 zeigt die Basiskomponenten eines modernen Quadrocopters, welche zum Flug benötigt werden. Diese werden in den folgenden Unterkapiteln näher beschrieben.

2.1 Steuerungsplatine

Ferngesteuerte Flugmodelle oder Hubschrauber haben meistens keine Steuerungsplatine. Dort übernimmt der Empfänger diese Funktion. Dieser steuert die Servos, den Gyro für die Stabilisierung des Heckrotors und die Brushless-Regler für die Motoren an. Bei einem Quadrocopter genügen die Funktionen des Empfängers allein nicht, um allen Anforderungen gerecht zu werden. Dies hat mehrere Gründe.

Der Hauptgrund liegt in der Physik. Ohne zusätzliche Sensorunterstützung wäre ein Mensch nicht in der Lage, einen Quadrocopter zu stabilisieren und zu fliegen. Betrachtet man eine Achse (beispielsweise die Nick-Achse) von der Seite, sieht diese aus wie eine Schaukel mit zwei Motoren an den Enden. Wenn nicht beide Motoren exakt denselben Schub erzeugen (was sie in der Praxis nie tun), wird sich diese Achse zu drehen beginnen. Um dies auszugleichen, müsste man diese Drehung beobachten und bei einem Motor das Gas zurücknehmen. Man versuche zur Illustration eines ähnlichen Problems einmal einen Besen, welcher auf der Handfläche steht, zu stabilisieren. Das geht ziemlich gut, indem man ihn ebenfalls beobachtet und mit der Hand ausbalanciert. Nun versuche man, einen 40 cm langen Alustab auf dieselbe Weise zu stabilisieren. Das ist deshalb viel schwieriger, weil dieser kleiner und in seinen Bewegungen schneller ist. Genauso verhält es sich bei den Quadrocoptern, bei welchen der Abstand der Motoren meistens ähnlich groß ist. Es ist deshalb nötig, mindestens in der Roll- und Nick-Achse die Winkel und in der Gier-Achse die Winkelgeschwindigkeit (die Gierrate) zu messen und die Steuerplatine selbst „ausbalancieren“ lassen. Einige einfachere Systeme messen auch in der Nick- und Roll-Achse nur die Winkelgeschwindigkeit. Darüber ist im Kapitel 4 „Einstellung der Regler“ mehr zu erfahren. Das heißt, die Steuerungsplatine gleicht dann bei den Motoren selbstständig das Gas an, nur eben viel schneller, als der Mensch dies könnte.

Wie weiter oben erwähnt, müssen bei einer Knüppelbewegung mehrere Motoren zusammen eine bestimmte Aktion ausführen, es ist also nicht so, dass ein Knüppel für die Bewegung nur eines Motors allein zuständig ist. Es ist deshalb eine Mischfunktion nötig, welche nur mit einem Mikroprozessor auf der Steuerungsplatine und entsprechender Software flexibel genug ist.

Die Stabilisierung aufgrund der Sensoren – das obengenannte Ausbalancieren – wird mit sogenannten PD-Reglern vorgenommen. Die P- und D-Parameter müssen bei der Wahl anderer Motor-/Propellerkombinationen oder größerer bzw. kleinerer Ausleger entsprechend angepasst werden. Sie spielen die entscheidende Rolle, wie die Eigenschaften des Quadrocopters sind, von agil schnell bis gutmütig langsam. Deshalb ist es nötig, dass sie per PC-Schnittstelle neu konfiguriert werden können. Mehr dazu ist im Kapitel

„Einstellung der Regler" zu erfahren.

Eine Konfiguration über eine PC-Schnittstelle lässt außerdem noch eine Vielzahl weiterer Parameter zu, beispielsweise die Wirkung der Knüppelausschläge, eine Notgasfunktion bei einem Empfangsausfall, eine Akkuwarnung bei tiefer Spannung, usw.

Deshalb spielt die Steuerungsplatine eine zentrale Rolle beim Bau von Quadrocoptern. Sie nimmt zusammengefasst die folgenden Basisfunktionen wahr:

- Stromversorgung der vier Brushless-Regler über einen zentralen Schalter
- Einlesen der vom Empfänger bereitgestellten Kanalstellungen
- Berechnung der Nick- und Roll-Winkel und der Winkelgeschwindigkeit in der Gier-Achse über die Gyro- und Beschleunigungssensoren
- Regelung der Nick- und Roll-Winkel und der Winkelgeschwindigkeit in der Gier-Achse mit PD-Reglern, also das Ausbalancieren
- Berechnung der Motorspannungen aufgrund der Regelung und der Knüppelstellung
- Ansteuerung der Brushless-Regler

2.2 Sensoren

Die Sensoren sind bei den meisten Quadrocoptern auf der Steuerungsplatine integriert, so auch beim Beispiel in Abbildung 10. Da sie jedoch wie oben erwähnt eine zentrale Rolle einnehmen, ist ihnen hier ein eigenes Kapitel gewidmet.

Ausgehend von der Problemstellung, in der Nick- und Roll-Achse die Winkel und in der Gier-Achse die Winkelgeschwindigkeit zu messen, damit die Steuerplatine selbstständig ausbalancieren kann, wird zunächst die Funktionsweise von Gier- und Beschleunigungssensoren erklärt. Anschließend wird aufgezeigt, wie daraus die Winkel bzw. die Winkelgeschwindigkeit berechnet werden können.

Gyro

Die meisten Gyros, welche im Modellbau eingesetzt werden, sind mit der MEMS „Micro-Electro-Mechanical-System" Technologie realisiert. Manchmal werden sie auch SMM für „Silicon Micro Machine" genannt. Das heißt, dass die nachfolgenden Ausführungen technisch alle mit einem Silizium-Chip realisiert werden. Abbildung 11 zeigt eine Prinzipskizze. Schematisch ist dort eine Masse mit einer Feder aufgehängt. Sie wird seismische Masse genannt. Diese wird nun zu einer Schwingung angeregt. In der Abbildung schwingt sie also vertikal.

Der sogenannte gyroskopische Effekt sorgt jetzt dafür, dass eine Drehung diese Masse auch

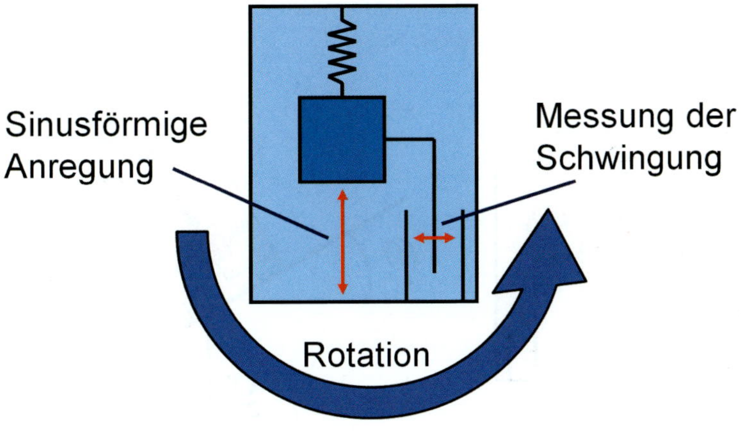

Abbildung 11: Funktionsweise eines Gyros, Prinzipskizze

in horizontaler Richtung schwingen lässt. Die Schwingung ist dabei umso größer, je schneller die Drehung, also je größer die Winkelgeschwindigkeit ist. Die Intensität der Schwingung und somit die Winkelgeschwindigkeit kann so direkt gemessen werden. Das kann kapazitiv geschehen und funktioniert dann so, dass die schwingende Masse eine Metallplatte zwischen zwei Kondensatorplatten verschiebt und damit deren Kapazität verändert. Wenn die Drehung in die entgegengesetzte Richtung erfolgt, dann ist die Schwingung phasenverschoben. So kann also auch die Drehrichtung erkannt werden.

Die MEMS-Technologie ist heute erste Wahl für den Bau von Gyro-Sensoren. Es gibt heute aber auch noch Systeme, welche auf der Basis von Piezoelementen funktionieren. Sowohl für die Schwingungsanregung als auch die Messung werden dann die Eigenschaften der Piezoelemente ausgenützt. Diese weisen jedoch eine Temperaturdrift auf, deshalb müssen mit ihnen ausgerüstete Quadrocopter vor dem Start oftmals eine automatische Kalibrierungsroutine starten.

Beschleunigungssensor

Abbildung 12 zeigt einen Beschleunigungs-, oder in der häufig gehörten englischen Bezeichnung Acceleration-Sensor. Wieder wird eine seismische Masse in der MEMS-Technologie eingesetzt. Sie wird mit einer gedämpften Feder in allen drei Raumrichtungen aufgehängt. Wird das System geneigt, wie dargestellt, bewirkt die Erdbeschleunigung g eine Verschiebung dieser Masse.

Es werden jetzt in x- und in z-Richtung die projizierten Komponenten von g gemessen. Die beiden Pünktchen auf x und z zeigen dabei, dass es sich um Beschleunigungen handelt. Die Messung erfolgt wieder kapazitiv, dieses Mal jedoch in allen drei Raumrichtungen, von welchen in der Abbildung nur deren zwei dargestellt sind. Mit etwas Trigonometrie sieht man:

$$\ddot{x} = g \cdot \sin(\varphi)$$
$$\ddot{z} = -g \cdot \cos(\varphi)$$

Da ja „sin/cos = tan" ist, folgt daraus:

$$\tan(\varphi) = -\frac{\ddot{x}}{\ddot{z}}$$

Für kleine Winkel ist der Tangens immer gleich groß wie der Winkel selbst (zum Ausprobieren: Taschenrechner auf RAD für Radiant stellen) und so vereinfacht sich dann die Gleichung zu:

$$\varphi = -\frac{\ddot{x}}{\ddot{z}}$$

Beschleunigungssensoren messen meistens dreidimensional auf einem Chip, also in x-, y- und z-Achse und werden mit einer nachgelagerten Elektronik auch direkt auf dem Chip ausgewertet. Der Neigungswinkel in der Nick-Achse wird wie oben beschrieben mit der x- und z-, derjenige in der Roll-Achse mit der y- und z-Komponente gemessen.

Abbildung 12: Beschleunigungssensor

Kombination der Sensoren

Einfach könnte man also sagen: man benötigt für den Nick- und Roll-Winkel einen Beschleunigungssensor und für die Winkelgeschwindigkeit in der Gier-Achse einen Gyro.

Für die Gier-Achse ist das richtig. Für den Nick- und Roll-Winkel gestaltet sich das aber etwas komplizierter.

Mit beiden Sensoren, also mit dem Gier- und dem Beschleunigungssensor, kann der Winkel zwar berechnet werden. Beide weisen aber Nachteile auf. Deshalb ergibt nur eine Kombination aus beiden, eine sogenannte Sensor- oder Datenfusion, ein einigermaßen zuverlässiges Resultat.

Zur Erklärung hilft etwas Physik. Die Winkelgeschwindigkeit ist die zeitliche Ableitung des Winkels, anders erklärt die Winkeländerung pro Zeiteinheit. Summiert man das Signal des Gyros somit numerisch auf, bildet man also das Integral, erhält man den Winkel. Das geschieht so, dass die Signale zu festgelegten Zeitpunkten aufaddiert werden. Das Problem bei numerischen Aufintegrationen ist aber, dass sich Fehler fortpflanzen und so der berechnete Winkel nach kurzer Zeit nicht mehr dem gemessenen entspricht.

Der Beschleunigungssensor liefert zwar den Winkel, aber nur im sogenannten stationären Fall. Wird der Quadrocopter schräg gestellt, so tritt zuerst eine Beschleunigung in Richtung der Schräglage auf, welche selbstverständlich ebenfalls gemessen wird und die Winkelberechnung verfälscht. Windeinflüsse verfälschen das Resultat zusätzlich. Nur ohne Wind und bei einer Bewegung mit konstanter Geschwindigkeit, also ohne Beschleunigung, wird der Winkel exakt gemessen, gelten also die obigen Formeln.

Es wird auf dem Gebiet der Sensorfusion viel Entwicklungsarbeit geleistet, um den Winkel mit einer Kombination aus Gier- und Beschleunigungssensoren exakt zu messen. Die Fachausdrücke hierfür sind modellbasierte Ansätze oder Kalmanfilter. Einfach umschrieben wird diese Kombination etwa folgendermaßen realisiert.

Der Winkel wird auf der Basis des Gyrosensors wie oben beschrieben numerisch aufintegriert. Das Signal des Beschleunigungssensors, welches zwar nicht immer, aber doch sehr oft ein einigermaßen gutes Signal für den Winkel liefert, wird als Referenz verwendet, um das aufintegrierte Gyrosignal abzugleichen. Es sorgt also dafür, dass der Winkel durch die numerische Integration nicht davondriftet.

Wer mit seinem Quadrocopter Speedflug betreibt, hat vielleicht bei einigen Systemen schon festgestellt, dass sich sein Fluggerät nach schnellen Manövern oder Kurven nicht mehr exakt gerade stellt. Der Grund hierfür liegt darin, dass der Beschleunigungssensor in dieser Fluglage den Winkel wegen obiger Ausführungen nicht exakt messen kann und so das aufintegrierte Gyrosignal falsch abgleicht.

Zusammenfassend muss also in jeder Rotationsachse (Roll, Nick und Gier) ein Giersensor vorhanden sein und für den Abgleich des Winkels für Roll und Nick zusätzlich ein Beschleunigungssensor in x, y und z.

IMU, Inertial Measurement Unit

Die Realisierung der Software für die Kombination der Gyro- und Beschleunigungssensoren wird bei vielen Systemen mit der Steuerungsplatine vorgenommen. Der Markt für Produkte, welche über exakte Raumwinkel verfügen müssen, ist jedoch heute sehr groß. Diese Sensoren lassen sich beispielsweise auch in Smartphones oder Spielekonsolen und vielem mehr wiederfinden. Außerdem ist die Berechnung dieser Kombination nicht ganz trivial, wie das obige Beispiel mit dem nicht mehr ganz richtigen Winkel nach schnellen Manövern oder Kurven zeigt. Deshalb haben sich einige Hersteller auf die Berechnung und Messung dieser Sensorkombinationen spezialisiert und bieten komplette Lösungen an, entweder als Chips oder auf Platinen. Diese werden dann IMU für „Inertial Measurement Unit“ genannt. Darauf befinden sich dann alle nötigen

Sensoren und Berechnungen und als Resultat werden die Raumwinkel zurückgegeben. Oftmals sind auch die weiter unten besprochenen Luftdrucksensoren und Kompasse integriert. Die Technik schreitet auch hier voran und die Lösungen sind am Ende immer preiswertere hochintegrierte Chips, welche direkt auf die Steuerungsplatinen gelötet sind und zu jeder Zeit sehr genaue Raumwinkel oder andere Lageinformationen angeben.

2.3 Motoren und Propeller

Brushless-Motoren

Brushless-Regler und Brushless-Motoren sind heute Stand der Technik im Modellbau und erste Wahl bei der Motorisierung. Diese Motoren sind im Vergleich zur älteren Technologie der Bürsten- oder Gleichstrommotoren wesentlich verschleißärmer und weisen einen höheren Wirkungsgrad auf. Deshalb können sie bei gleicher Leistung auch gewichtssparender gebaut werden.

Das Wirkprinzip sei an dieser Stelle kurz erklärt. Im Gegensatz zu den Bürstenmotoren erfolgt die zum Drehen nötige Stromumkehr nicht mit einem mechanischen Kontakt zwischen bewegtem und stillstehendem Teil, sondern elektronisch. Dazu wird aber auch eine spezielle Elektronik benötigt. Das ist der Brushless-Regler, welcher auf die drei Kabel des Motors ein jeweils um 120° versetztes Wechselsignal einspeist.

Da der Motor so ohne mechanischen Kontakt auskommt, ist das Kugellager der Welle sein einziges Verschleissteil. Viele Quadrocopter-Piloten der ersten Stunde waren früher zwischen den Flügen hauptsächlich mit dem Wechsel der Bürstenmotoren beschäftigt, heute versehen die Brushless-(BL-) Motoren ihren Dienst über viele Stunden hinweg, die Lebensdauer ist nahezu kein Thema mehr, außer vielleicht bei den Kugellagern der Welle.

Ein Getriebe kann in den meisten Fällen ebenfalls wegfallen. Die BL-Motoren werden nämlich als Innenläufer (Inrunner) oder Außenläufer (Outrunner) angeboten. Bei den Innenläufern ist der äußere Teil fest und der innere dreht sich, wie man dies auch von den Bürstenmotoren her kennt. Außenläufer haben den drehenden Teil, den Rotor, außen und den stehenden, den Stator, innen. Eine der wichtigsten Kennzahlen eines BL-Motors ist die Umdrehungszahl pro Minute je Volt (U/MinV). Manchmal wird sie in den Datenblättern auch kV genannt. Sie sagt aus, wie viele Umdrehungen der Motor pro Minute je angelegtem Volt am Eingang des Brushless-Reglers macht. Nimmt man als Beispiel also einen 1.000-U/MinV-Motor und legt 10 Volt am Eingang an, so erhält man 10 V×1.000 U/MinV = 10.000 Umdrehungen pro Minute. Dies gilt für den Leerlauf, also ohne Propeller.

Außenläufer liegen mit der Kennzahl U/MinV tiefer als die Innenläufer, ja sie liegen sogar in einer Größenordnung, welche sie interessant für Direktantriebe macht. Viele Modellflugzeuge fliegen auch mit solchen Antrieben. Inzwischen haben sehr viele Hersteller neue Motor- und Propellerkombinationen entwickelt, welche

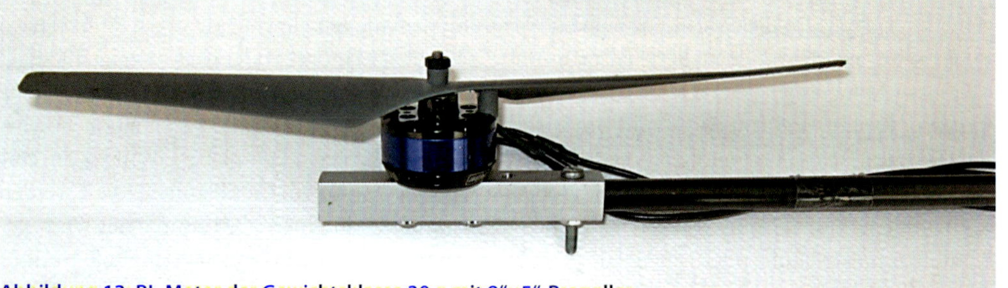

Abbildung 13: BL-Motor der Gewichtsklasse 30 g mit 8″×5″-Propeller

ganz speziell für Quadrocopter ausgelegt sind. Diese sind in den weitaus meisten Fällen Direktantriebe.

Im Kapitel „Auslegung von Motoren und Propeller“ wird dies noch etwas vertieft behandelt, bis dann sollen aber folgende Merksätze gelten:

Für Motoren mit 1.000 U/MinV gilt etwa:

Bei einem 30 g schweren Motor wählt man einen 8“×4“-Propeller im Direktantrieb, das ergibt 4×300 g Maximalschub bei 10 V.

Bei einem 60 g schweren Motor wählt man einen 10“×4“-Propeller im Direktantrieb, das ergibt 4×600 g Maximalschub bei 10 V.

Bei einem 100 g schweren Motor wählt man einen 12“×4“-Propeller im Direktantrieb, das ergibt 4×1.000 g Maximalschub bei 10 V.

Bürstenmotoren, Gleichstrommotoren

Es gibt heute aber auch noch Quadrocopter, welche mit der etwas älteren Technologie der Bürstenmotoren ausgerüstet sind. Diese sind noch etwas preiswerter als die Brushless-Motoren und funktionieren mit Gleichstrom. Sie sind deshalb auch etwas einfacher in der Ansteuerung. Das sind die Gründe, weshalb besonders die Spielzeug-Quadrocopter im untersten Preissegment mit diesen Motoren ausgerüstet sind. Sie sind auch bei vielen RTF-Quadrocoptern zu finden. Diese Technologie birgt im Vergleich zu der Brushless-Technologie neben dem Vorteil der einfacheren Ansteuerung jedoch auch einige Nachteile in sich.

- Aufgrund des kleineren Wirkungsgrades der Bürstenmotoren sind sie bei der gleichen Wellenleistung schwerer als die Brushless-Motoren. Da ja insgesamt vier Motoren verwendet werden, müssen diese aber so gewichtssparend wie möglich ausgeführt sein. Gewicht kann man unter anderem so einsparen, indem man einfach die Grenze für die Nennleistung ignoriert. Dadurch werden sie sehr heiß und die Lebensdauer der Bürsten verringert sich stark. Bei einem Flugmodell mit einem Motor allein ist es nicht tragisch, wenn dieser aufgrund des Zustandes der Bürsten noch 80% der Leistung bringt. Der Pilot merkt dies möglicherweise gar nicht. Wenn bei einem Quadrocopter jedoch ein Bürstenmotor am Ende ist, müssen auch die drei anderen die Drehzahl zurücknehmen, damit stabiles Schweben noch möglich ist. Die vier Antriebe sind also nur so gut, wie der schwächste.
- Gleichstrommotoren weisen prinzipbedingt hohe Drehzahlen auf. Direktantriebe sind deshalb nur bei den ganz kleinen Propellerdurchmessern möglich. Somit muss in vielen Fällen noch ein Getriebe mitgetragen werden, welches die Drehzahl- und Drehmoment-Anpassung zwischen Motor und Propeller vornimmt.

Zusammengefasst muss also bei den Bürstenmotoren viel Gewicht im Verhältnis zur abgegebenen Leistung getragen werden und außerdem ist die Lebensdauer der Bürsten kurz.

Da die Brushless-Technologie und die Quadrocopter beide in den ersten Jahren des 21. Jahrhunderts zur Perfektion entwickelt wurden, waren zu Beginn fast alle käuflichen Systeme noch mit den Bürstenmotoren ausgerüstet. Es war aber bald klar, dass die auch in anderen Bereichen des Modellbaus eingesetzten Brushless-DC-Motoren den Bürsten-Gleichstrommotoren haushoch überlegen sein müssen. Etwa im Jahre 2007 gab es auch die ersten Hobby-Quadrocopter mit diesen Motoren zu kaufen.

Schub-Gewichtsverhältnis

Typische Auslegungen von Quadrocoptern weisen ein Schub-Gewichtsverhältnis von etwa 3:1 aus. Dies heißt, dass der maximal erreichbare Gesamtschub mit vier Motoren und Propellern dreimal höher zu liegen kommt, als das Eigengewicht.

Weist ein Quadrocopter in der Klasse 30-g-Motoren und 8“-Propeller einen Gesamtschub von 1.200 g oder physikalisch ausgedrückt 12 N auf, so sollte sein Eigengewicht nicht viel mehr als 400 g betragen. Auf den ersten Blick erscheint dieses Verhältnis sehr hoch. Man müsste doch annehmen, dass auch etwa die Hälfte des Schubs ausreichen sollte. Versuche zeigen aber, dass der Quadrocopter dann gerade mal knapp schwebt, wenn es obendrein windstill ist.

Das ist deshalb so, weil man einerseits einen sogenannten Regler-Überschuss von etwa Faktor 2 benötigt, um genügend Leistung für die Ausregelung oder das Ausbalancieren von Windstößen, Turbulenzen oder anderem benötigt. Bei einem Schub-Gewichtsverhältnis von 2:1 könnte sich der Quadrocopter also gut in der Schwebe halten. Wird der Faktor auf 3:1 erhöht, kann entweder noch eine Nutzlast, mit beispielsweise etwas weniger als dem Eigengewicht mitgetragen werden, oder es ist Speedflug mit Loopings und dergleichen möglich.

Somit ist bei der Auslegung etwa 2/3 sozusagen pure Reserve. Sieht man sich Abbildung 13 an, so ist der Motor von allen Seiten offen zugänglich und liegt auch im Propellerluftstrom. Das hat unter anderem auch den sehr schönen Vorteil, dass die Motoren beim Schweben und im Speedflug meistens nur handwarm werden. Das erhöht einerseits den Wirkungsgrad, da der Motor vor allem Schub aber wenig Wärme erzeugt; andererseits trägt es zur hohen Lebensdauer bei.

2.4 Brushless-Regler

Zu den BL-Motoren gehören wegen der speziellen Ansteuerung auch Brushless-(BL-)-Regler. Es gibt sie für Flugmodelle von sehr vielen Herstellern auch einzeln zu kaufen.

Sie werden eingangsseitig mit einer Gleichspannung versorgt und können, wie normale Servos, direkt an den Empfänger angeschlossen werden. Dieser versorgt sie über ein pulsweitenmoduliertes Signal mit einem Drehzahlsollwert, welcher der Knüppelstellung der Fernsteuerung entspricht. Sie wandeln nun die Versorgungsspannung in eine dreiphasige Wechselspannung um. Soll ein Motor schneller drehen, so müssen die Frequenz und die Amplitude der Wechselspannung so erhöht werden, dass die Drehzahl ihr zu folgen vermag. Der BL-Regler übernimmt also folgende Aufgaben:

- Auswertung des Drehzahlsollwerts vom Empfängersignal
- Umwandlung der Versorgungsgleichspannung in ein dreiphasiges Wechselsignal
- Hochfahren der Motordrehzahl bis zum Drehzahlsollwert

Die meisten Hersteller von Quadrocopter-Systemen bieten ihre eigenen BL-Regler an. Da die Stückzahlen nicht sehr groß sind, können sie preislich nicht mit den Standard-BL-Reglern konkurrenzieren. Es gibt aber einen guten und wichtigen Grund, weshalb solche Standard-Regler sehr oft nicht verwendet werden können.

Bei einem Flugmodell ist es oftmals nicht so wichtig, ob der BL-Regler den Motor in 10 oder 100 Millisekunden auf die Solldrehzahl beschleunigt oder ob er dies gar erst nach einer Sekunde tut. Der Schub kommt dann einfach etwas später. Wie jedoch weiter oben beschrieben wurde, ist der BL-Regler beim Quadrocopter auch dafür zuständig, dass die Signale der Steuerplatine schnell im Motor umgesetzt werden können. Man erinnere sich dazu an das Beispiel des ausbalancierten Alustabes. Wenn dies nicht gewährleistet ist, ist die stabile Schwebelage gefährdet.

Die pulsweitenmodulierten Signale sind deshalb oft eine zu langsame Kommunikation. Dieses Problem kann auf verschiedene Arten behoben werden. Entweder man passt auf dem BL-Regler die Software an und erhöht so die Kommunikationsrate oder man verwendet eine ganz andere Schnittstelle.

Bei verschiedenen Quadrocopter- Systemen hat sich hier der I2C-(gelesen: I-Quadrat-C)-Bus durchgesetzt. Es handelt sich dabei um eine Zweidrahtleitung, welche von der Steuerplatine ausgeht und alle vier BL-Regler verbindet. Die Übermittlung des Drehzahlsollwerts wird dann seriell vorgenommen. Das heißt, es werden alle

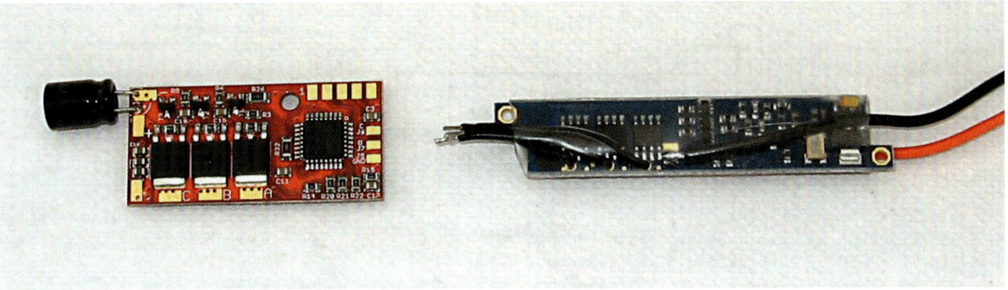

Abbildung 14: Brushless-Regler

BL-Regler nacheinander über eine unterschiedliche Adresse (oder unterschiedlichen Folgen von 5 V und 0 V) angesprochen und mit ihrem neuen Drehzahlsollwert aufdatiert. Da die Busprotokolle, also die Art wie die Steuerplatine mit dem Regler kommuniziert, herstellerabhängig gelöst werden, gibt es meistens keine Kompatibilität unter den verschiedenen Systemen auf dem Markt. Die Steuerplatine des einen Herstellers kann also in der Regel nicht mit den Brushless-Reglern des anderen Herstellers kommunizieren.

Kondensator

Bei allen BL-Reglern gibt es einen relativ großen Kondensator, in der Abbildung 14 links zu sehen. Dieser liegt zwischen dem Plus- und Minuspol der Spannungsversorgung und glättet Spannungseinbrüche aus, wenn der Motor zum Beschleunigen kurzfristig einen höheren Strom benötigt. Seine Funktion ist auch deshalb wichtig, weil die Kommunikation mit der Steuerplatine bei Spannungsschwankungen ebenfalls gestört würde. Bei einem defekten BL-Regler ist er oftmals das schuldige Bauelement.

2.5 Lithium-Polymer-Akku

Elektromotoren konnten sich bei Modellfluggeräten erst mit der Entwicklung leistungsfähiger Akkus durchsetzen. Im Rückblick auf etwa 30 Jahre Elektroflug, so gab es damals zunächst einige Segelflugzeuge mit Elektrohilfsmotor. Diese wurden mit Nickel-Cadmium-(NiCd-)-Akkus betrieben. Später kamen dann Nickel-Metallhydrid-(NiMH-)-Akkus auf und seit einigen Jahren die Lithium-Polymer-(LiPo-)-Akkus. In dieser Zeit hat sich das Speichervermögen für Energie pro Gewichtseinheit etwa verfünffacht. Anders ausgedrückt: wenn ein Elektrosegler mit einem NiCd-Akku Mitte der 1980er Jahre während drei Minuten Schub entwickeln konnte, kann dies derselbe Elektrosegler mit einem gleich schweren LiPo-Akku der neuesten Generation eine Viertelstunde lang. Wer einen Blick in die Zukunft wagt, kann erahnen, dass die Anzahl benzinbetriebener Modelle weiter abnehmen wird, wenn die Akkus noch leistungsfähiger werden. Es ist nämlich heute absehbar, dass das Ladungsvermögen (gemeint ist hier die gespeicherte Energie pro Gewichtseinheit) der LiPo-Akkus in den nächsten Jahren noch weiter erhöht werden kann. Außerdem sind in verschiedenen Forschungslabors neue Akkutypen mit noch weitaus größerem Ladungsvermögen geplant oder bereits im Versuchsstadium.

Gut ist diese Entwicklung auch für die Quadrocopter. Bis jetzt ist dem Autor kein Projekt bekannt, bei welchem dafür Benzinmotoren eingesetzt wurden. Da es manchmal schon viel Geduld benötigt, einen Benziner zum Laufen zu bringen, wäre das mit deren vier noch schwieriger. Wer schon Piloten von zweimotorigen Modellflugzeugen zugeschaut hat, wie der erste Motor ausgeht, bevor der zweite läuft, kann das nachvollziehen.

Der LiPo-Akku weist etwas spezielle Eigenschaften auf. Eine Zelle hat eine Nennspannung von 3,7 V. Es werden meistens drei oder vier

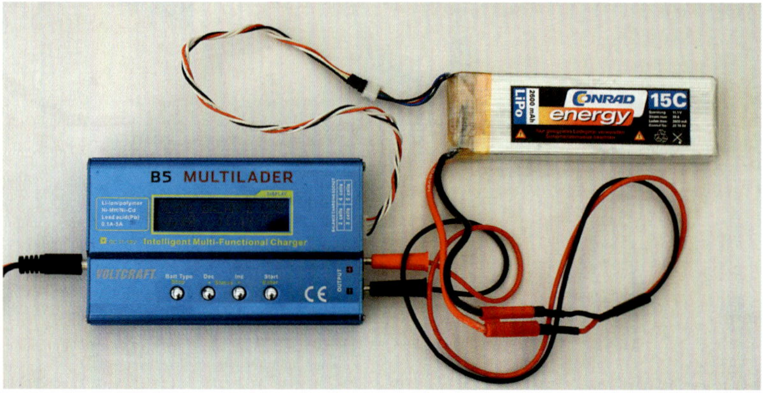

Abbildung 15: Modernes Ladegerät mit eingebautem Balancer

Zellen in Serie geschaltet, was dann eine Nennspannung von 11,1 V bzw. 14,8 V ergibt. Tiefentladung unter 3,0 V liebt er gar nicht, weshalb Akkuwarner wertvolle Dienste leisten. Hier kann meistens auf der Steuerungsplatine per PC-Schnittstelle konfiguriert werden, unterhalb welcher Spannung eine Warnung per Blinklicht oder Summer ausgegeben werden soll.

Das Laden ist ebenfalls anders als von NiCd- oder NiMh-Akkus gewohnt. Ein Beispiel für einen dreizelligen LiPo-Akku, bei welchem die Akkuwarnung auf 9,0 V eingestellt ist, soll dies zeigen. Nimmt man einmal an, dass eine Zelle 3V Spannung aufweist, und die beiden anderen noch je 3,3 V, so ist klar, dass die Akkuwarnung bei den sich in Summe ergebenden 9,6 V noch lange nicht anspricht. Der Akku scheint über diese Klemmen gemessen ja noch fast voll zu sein. Fliegt man jetzt mit diesem Akku weiter, bis die eine Zelle 2,8 V und die anderen je 3,1 V erreicht haben, dann ist die „Problemzelle" bereits massiv tiefentladen und ihre Lebensdauer wird stark reduziert.

Mehrzellige Akkus werden deshalb heute mit einem sogenannten „Balancer" geladen, einem Gerät, welches zwischen Ladegerät und Akku geschaltet wird und dafür sorgt, dass alle Zellen nach dem Laden dieselbe Spannung aufweisen und die Gefahr der Tiefentladung einer der Zellen so weitgehend vermindert wird. Dafür wird aber bei den Akkus ein weiterer Stecker benötigt, welcher die Plus- und Minuspole aller in Serie geschalteten Zellen herausführt. Ein Überladen, eine Aufladung auf eine zu hohe Spannung ist ebenfalls nicht erwünscht, dies wird von Ladegerät und Balancer ebenfalls überwacht. Bei den meisten heute erhältlichen Ladegeräten ist der Balancer schon eingebaut, wie das in der Abbildung 15 gezeigt ist.

Tiefentladung und Überladen zersetzt die Anode, wodurch Wasserstoff entsteht. Dieser bläht die Zelle auf. Man nennt dies auch „Ausgasen". Ein Aufblähen der Zelle ist ein sicheres Indiz dafür, dass der Lipo-Akku die Grenze seiner Lebensdauer erreicht hat und ausgewechselt werden sollte. Auch bei mechanischen Beschädigungen, Dellen und dergleichen, sollte der LiPo-Akku ersetzt werden.

Auslegung

Auf welche Ladung der LiPo-Akku ausgelegt werden soll, kommt auf das Gewicht, die verwendeten Motoren und die gewünschte Flugdauer des Quadrocopters an. Dazu sollen hier einige Überlegungen gemacht werden.

Als einfache Faustregel kann bei der Verwendung von 8"-, 10"- oder 12"-Propellern mit 100 W Leistung pro kg Masse gerechnet werden. Dies gilt für das reine Schweben. Werden größere Propeller verwendet, so wird weniger Leistung pro Gewicht benötigt. Deshalb haben Hubschrauber auch große Rotoren. Kapitel 6 „Auslegung von Motoren und Propellern" behandelt dieses Thema eingehend. Wird eine Flugdauer von 20 Minuten vorausgesetzt (für Speedflug reduziert sich diese freilich etwas), dann werden für die drei Beispiele etwa die unten berechneten Ladungsinhalte für dreizellige LiPo-Akkus benötigt:

30 g schwere Motoren mit 8"×4"-Propellern und total 1.200 g Maximalschub und 400 g Quadrocopter-Eigengewicht:
100 W/1.000 g×400 g = 40 W Leistung; 40 W/11,1 V=3,6 A Schwebestrom
Ladungsinhalt des Akkus: 3,6 A×0,33 h = 1.200 mAh

60 g schwere Motoren mit 10"×4"-Propellern und total 2.400 g Maximalschub und 800 g Quadrocopter-Eigengewicht:
100 W/1.000 g×800 g = 80 W Leistung; 80 W/11,1 V=7,2 A Schwebestrom
Ladungsinhalt des Akkus: 7,2 A×0.33 h = 2.400 mAh

100 g schwere Motoren mit 12"×4"-Propellern und total 4.000 g Maximalschub und 1.200 g Quadrocopter-Eigengewicht:
100 W/1.000 g×1.200 g = 120 W Leistung; 120 W/11,1 V=10,8 A Schwebestrom
Ladungsinhalt des Akkus: 10,8 A×0,33 h = 3.600 mAh

Selbstverständlich beinhaltet das Eigengewicht auch den Akku. Ein dreizelliger 1.200 mAh LiPo-Akku wiegt heute etwa 100 g, ein dreizelliger 2.400 mAh LiPo-Akku 200 g und ein dreizelliger 3.600 mAh Lipo-Akku 300 g.

2.6 Fernsteuerung und Empfänger

Die Fernsteuerung ist für viele Flugmodellbauer eines der wichtigsten Geräte. Hier stellen sie die Eigenschaften ihres Modells ein. Da werden Querruderservos konfiguriert, V- und Delta-Leitwerke eingestellt, Servowege mit Exponentialfunktionen verknüpft, etc. „Weshalb ist das so?", mag man sich fragen. Weil in einem typischen Flug- oder Hubschraubermodell eben nur der Empfänger sitzt, welcher nur begrenzte oder gar keine Konfigurationsmöglichkeiten bietet. Die modernen Fernsteuerungen haben deshalb auch mehrere Modellspeicher, damit man sie für mehrere verschiedene Modelle programmieren und bei Bedarf per Knopfdruck umstellen kann.

Beim Quadrocopter ist das anders, es ist sozusagen wie eine verkehrte Welt. Die Steuerelektronik beinhaltet eben auch einen Mikroprozessor. So können die Parameter per PC-Schnittstelle heruntergeladen werden. Das heißt, dass man bei der Fernsteuerung keine Spezialfunktionen benötigt und dafür die ganze Konfiguration auf dem Modell durchführt. Anders als bei den Modellflug- und Hubschrauberpiloten, welche die Fernsteuerung auf das Modell einstellen, stellt der Quadrocopterpilot sein Modell auf die Fernsteuerung ein. Parameter wie Exponentialfunktionen, Hebelwirkung usw. werden dann über eine grafische Bedienoberfläche per Mausklick am PC eingestellt und danach über die Schnittstelle heruntergeladen.

Anforderungen

Modellspeicher sind deshalb also für die Steuerung der Quadrocopter nicht unbedingt nötig, außer dann, wenn die Fernsteuerung auch noch für andere Modelle eingesetzt wird. Je einfacher man die Fernsteuerung bedienen kann, desto besser ist es. Um die „x"-Konfiguration zu fliegen (vgl. Kapitel 1.3), wird manchmal noch die Möglichkeit eines V-Leitwerkes benötigt, aber das ist auch schon alles.

Die Frage nach der Anzahl der Kanäle ist etwas schwieriger zu beantworten. Das Minimum sind jedenfalls die vier Kanäle für Nick, Roll, Gier und Gas. Je nachdem, wie viele der weiter unten behandelten zusätzlichen Sensoren man im Flug noch zu- oder wegschalten will, werden noch weitere Kanäle benötigt. Das betrifft also den Luftdrucksensor, den Kompass-Sensor oder die GPS-Funktion. Wer Fotoflug mit schwenkbaren Kameras betreibt, benötigt dann noch weitere zusätzliche Kanäle. Die meisten Steuerelektroniken unterstützen deshalb noch weitere zwei bis acht Kanäle für Zusatzfunktionen je nach vorgesehenem Einsatzgebiet. Das erfordert dann eine Fernsteuerung mit 6 bis 12 Kanälen. Es ist hier die Anzahl der ansteuerbaren Funktionen gemeint. Es gibt Hersteller, welche für jede Funktion, beispielsweise für die Steuerung eines Ruders nach links und rechts, zwei Kanäle angeben. Nach dieser Zählart angebotene Fernsteuerungen müssten dann 12 bis 24 Kanäle aufweisen.

2,4 GHz

Die 2,4-GHz-Technologie ist heute bei den Fernsteuerungen der Stand der Technik. Sie birgt gegenüber der älteren Technologie der 35- und 40-MHz-Fernsteuerungen einige überzeugende Vorteile in sich. Durch das sogenannte „Frequenzhopping“ ist es heute nicht mehr nötig, sich auf dem Flugfeld abzusprechen, mit welchem Kanal man fliegen darf. Das System „hoppt“ oder „hüpft“ einfach alle möglichen Frequenzen im erlaubten Frequenzband auf 2,4 GHz durch und auf einer von diesen kommt dann das Signal mit fast 100-prozentiger Wahrscheinlichkeit beim Empfänger an. Weiter ist die Technologie bidirektional. Das funktioniert bei einigen Systemen so, dass für eine kurze Zeit der Empfänger zum Sender und der Sender zum Empfänger werden. So wird direkt am Sender angezeigt, wie gut beispielsweise das Steuersignal beim Empfänger angekommen ist. Über die Telemetrie können auch weitere Daten vom Quadrocopter übertragen werden, so beispielsweise die Höhe, GPS-Daten, Motorströme oder Ähnliches. Um dies darzustellen, wird am Sender oftmals ein eigens dafür vorgesehenes Display montiert. Die Abbildung 16 zeigt eine solche Anordnung.

Antennendiversity und Montage der Antennen

Quadrocopter drehen sich im Flug ständig. Dabei sind sie wie alle Flugmodelle darauf angewiesen, dass der sichere Empfang überall und zu jeder Zeit gewährleistet ist. Da die im Modellbau meistens verwendeten Stabantennen polarisiert sind, ist deren Ausrichtung von großer Bedeutung. Aus diesem Grunde sollten die Quadrocopter grundsätzlich mit Antennendiversity ausgerüstet sein. Abbildung 17 zeigt das an einem Beispiel.

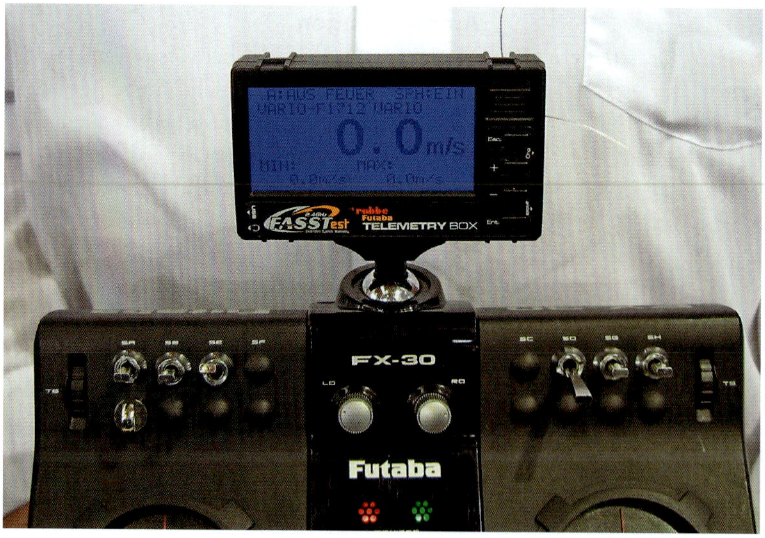

Abbildung 16: Telemetriedisplay am Sender

Abbildung 17: 2,4-GHz-Antennendiversity, die Antennen stehen im rechten Winkel zueinander

Hierbei gibt es beim Empfänger nicht nur eine, sondern zwei Antennen. Die Elektronik wertet nun beide Empfangssignale aus und verstärkt jeweils nur das bessere der beiden Signale. Um für möglichst viele Orientierungen einen guten Empfang zu erreichen, müssen die beiden Antennen bei der Montage möglichst senkrecht zueinander montiert werden. Sinnvollerweise zeigt eine der beiden Antennen senkrecht nach oben.

Die Länge der Antenne ist so ausgelegt, dass sie freistehend den besten Empfang gewährleistet. Wenn sie sich in der Nähe von Carbon-Materialien befindet oder auch wenn sie im Modell in der Nähe von Kupferleitungen verlegt wird, ist es auch möglich, dass sie elektrisch verstimmt wird. Das hat dann zur Folge, dass die Empfangssignale schwächer werden. Da die Quadrocopter meistens aus sehr vielen solchen Materialien gebaut werden, sei hier zur Vorsicht gemahnt. Die beiden Antennen in Abbildung 17 wurden deshalb konsequent möglichst weit weg von solchen Teilen verlegt.

Was die Montage anbelangt, so ist das Antennenkabel eigentlich fast immer am falschen Platz, wenn sich so viele Propeller auf engem Raum drehen. Die beste Möglichkeit ist, es mit einem Plastikröhrchen nach oben und seitlich herausführen, wie es die Abbildung zeigt. Dabei sollten die letzten drei Zentimeter des Antennenkabels frei herausgeführt werden. Die Zeitersparnis für ein unzureichend verlegtes Antennenkabel zahlt sich nie aus, speziell dann nicht, wenn sich so viele drehende Rotoren auf engstem Raum befinden. Früher oder später wird es von einem Propeller erfasst, wenn man diese Aufgabe nicht zuverlässig löst.

35/40-MHz

Auch die ältere MHz-Technologie darf noch eingesetzt werden. Beim Quadrocopter sind in den meisten Ländern dieselben Kanäle auf dem 35/40-MHz-Band zugelassen, wie bei Modellflugzeugen und -Hubschraubern. Wer also bereits eine solche Fernsteuerung besitzt, darf diese also getrost auch dafür verwenden. Der Empfänger ist bei den meisten Systemen nicht in die Steuerelektronik integriert. Bei einigen ist die Kommunikationsschnittstelle das sogenannte PPM-Summensignal. Das ist ein Signal, welches bei allen Empfängern intern verfügbar ist und alle Kanäle zusammen mit einer zeitlichen Folge von 0 und 5 V seriell übertragen kann. Bei den infrage kommenden Empfängern muss dieses Signal entweder intern abgegriffen werden oder serien-

Abbildung 18: Antennenführung bei einer 35-MHz- oder 40-MHz-Fernsteuerung

mäßig herausgeführt sein. Wenn ein Empfänger dieses Signal nicht bereitstellen kann, kann es auch mit einer Summensignal-Schaltung nachgebildet werden. Solche Schaltungen sind im Handel erhältlich. Selbstverständlich muss im Einzelfall geprüft werden, ob die Steuerelektronik des Quadrocopters mit dem Summensignal arbeiten kann. Die Empfängerantennen der MHz-Fernsteuerungen sind wesentlich länger als bei den 2,4-GHz-Steuerungen. Man kann sie beispielsweise um ein Plastikrohr gewickelt nach oben hin wegführen, so wie es in der Abbildung 18 gezeigt wird.

Smartphones als Fernsteuerungen

Die vier wichtigsten Funktionen, also Gas, Gier, Nick und Roll werden bei den konventionellen Fernsteuerungen mit den beiden Kreuzknüppeln gesteuert. Diese prägen das Erscheinungsbild der Fernsteuersender seit etwa 1970 und es erscheint auch heute noch sinnvoll, dass die jeweils zwei Kanäle mit beiden Händen auf diese Weise gesteuert werden können. Obwohl sich in der Fernsteuertechnik seit damals vieles bewegt hat, ist diese wichtigste Benutzerschnittstelle jedoch gleich geblieben.

Und doch gibt es heute gerade bei den Quadrocoptern neuere Ansätze hinsichtlich der Art, wie man auf sein Modell Einfluss nehmen kann. Abbildung 19 zeigt ein Smartphone, welches ebenfalls als Fernsteuerung verwendet wird. Smartphones sind heute mit verschiedenen Sensoren ausgerüstet, welche die Positionen und speziell auch die Orientierung in allen Raumwinkeln erfassen können. Die weiter oben besprochene Inertial Measuremet Unit IMU ist heute oftmals Bestandteil davon. Drückt man beispielsweise auf einen auf dem Display dargestellten

Abbildung 19: Smartphone zur Steuerung eines Quadrocopters

virtuellen Knopf, so wird diese Orientierung als Sollwert für die Raumwinkel des Quadrocopters gesendet. Wird das Smartphone also geneigt, neigt sich der Quadrocopter ebenfalls in dieselbe Richtung. Außerdem kann der Quadrocopter mit einem eingebauten Kompass auch seine Orientierung im Vergleich zum Piloten messen. So kann jetzt in einen weiteren Modus geschaltet werden, in welchen sich der Quadrocopter unabhängig von seiner relativen Lage immer in dieselbe Richtung neigt wie das Smartphone. Die Steuerung des Modells aufgrund der Neigung und Richtung stellt eine ganz neue Art der Benutzerschnittstelle dar.

Selbstverständlich können auf dem Display auch Pfeile eingeblendet werden, welche die physischen Kreuzknüppel von Fernsteuerungen ersetzen und dieselben Funktionen zulassen.

Quadrocopter, welche eingebaute Kameras besitzen, können die Bilddaten auch direkt auf das Display übertragen. Diese können dabei auf dem Smartphone selbst abgespeichert werden. Mit einer aus der modernen Informatik bekannten „Augmented Reality", was etwa so viel heißt wie erweiterte Realität, können auf demselben Bildschirm zusätzlich auch weitere Informationen wie beispielsweise die Höhe oder virtuelle Hindernisse dargestellt werden. Mit der Betätigung eines weiteren virtuellen Knopfs kann der Quadrocopter auch selbstständig weitere vorprogrammierte Funktionen ausführen, wie beispielsweise eine 360°-Drehung um die eigene Achse oder auch einen Looping.

Der Vorteil davon ist, dass heute fast jeder solche Smartphones in der Tasche hat, und deshalb kein neues Gerät für die Steuerung kaufen muss. Immer ausgeklügeltere Sensoren und auf die Berührung empfindliche Displays lösen zusammen mit einer geeigneten Software verschiedenste Aufgaben des Alltags. So verschmelzen mit der entsprechenden Software eben auch die Funktionen von Telefon und anderem, also beispielsweise eben derjenigen einer Fernsteuerung. Außerdem ist damit auch wesentlich mehr an Interaktion möglich, als es eine normale Fernsteuerung bieten kann.

Auf jeden Fall wird die Zukunft noch Weiteres in dieser Hinsicht hervorbringen. Sind es wohl Smartphones mit 3D-Display und solche mit 3D-Interaktion? Es ist durchaus möglich, dass die Fernsteuerung der Zukunft gar keine offensichtlichen Gemeinsamkeiten mehr hat mit dem, was wir heute unter diesem Begriff verstehen und kennen. Man darf jedenfalls gespannt darauf sein.

2.7 PC-Schnittstelle

Da fast alles mit dem PC konfiguriert werden kann, ist eine Kommunikationsschnittstelle nötig. Abbildung 20 zeigt zwei Varianten von verschiedenen Herstellern. Auf der PC-Seite ist es eine USB-Schnittstelle. Die Signale werden auf der Platine zu einem zur Steuerelektronik kompatiblen Signal umgewandelt. Auf dem PC läuft dann ein mitgeliefertes oder vom Internet herunterladbares Konfigurationsprogramm. Es bie-

Abbildung 20: PC-Schnittstelle

tet neben der Parametereinstellung immer noch gewisse Diagnosemöglichkeiten. Man kann etwa den Verlauf der gemessenen Sensordaten verfolgen, das Signal und den Hebelausschlag der Fernsteuerung beobachten oder Motoren anlaufen lassen, und vieles mehr. Bei der Fehlersuche ist das ein ausgezeichnetes Hilfsmittel, da man so ziemlich schnell herausfindet, was nicht funktioniert.

2.8 Rahmenkonstruktion

Der Rahmen – auch englisch „frame" genannt – welcher alle Komponenten trägt, also Motoren, Propeller, Steuerungsplatine, BL-Regler, Akku und Empfänger, darf nicht unterschätzt werden. Er hat ja dieselbe Funktion wie der Rumpf beim Modellflugzeug. Bei Quadrocoptern, welche sich im Flug nicht wie gewünscht verhalten, trägt oftmals er die Schuld für das Übel, weil beispielsweise die Motoren nicht genügend verwindungssteif montiert sind, oder die Steuerelektronik mit den Sensoren lottert, das Antennenkabel sich um die drehenden Motoren wickelt, usw. Deshalb soll hier auch aufgezeigt werden, worauf man beim Kauf oder Selbstbau des Rahmens achten muss.

Crashsicher oder nur mit Sollbruchstelle

Je nach Anwendungsgebiet würde der Autor zwischen den zwei Rahmentypen im Titel unterscheiden. Für den Speedflug wäre eher ein crashsicherer Rahmen empfehlenswert. Solche Rahmen gibt es über mehrere Internet Online-Shops auch zu kaufen. Sie sind meistens mit einem CAD-Programm gezeichnet, manchmal wurden sogar die auszuhaltenden Kräfte simuliert und getestet. Häufig wird ein Material verwendet, welches bis vor wenigen Jahren nur den Profis vorbehalten war, nämlich Carbon. Es zeichnet sich dadurch aus, dass es hochfest und dabei aber auch sehr leicht ist, ideal also für diese Zwecke.

Abbildung 21 zeigt einen derartigen Rahmen. Die Elektronik und die Batterie sind durch ein Metallgehäuse geschützt, währenddessen die Ausleger aus einem Sandwich mit verleimtem Balsaholz zwischen zwei Carbonplatten bestehen. Die BL-Regler werden unter diesen montiert. Die crashsicheren gekauften Rahmen sind eher an der oberen Preisgrenze anzusiedeln.

Rahmen können auch weniger crashsicher ausgeführt sein, wenn sie dafür mindestens verwindungssteif sind. In diese Kategorie gehören die sogenannten Baumarktrahmen oder -frames. Sie haben ihren Namen deshalb, weil man fast alle Komponenten dafür auf dem Baumarkt finden kann. Solche Baumarktframes sollten jedoch unbedingt so ausgeführt werden, dass, wenn etwas bricht, nicht gerade teure Elektronik oder Motoren ersetzt werden müssen.

Abbildung 21: Crashsicherer Rahmen

Größe

Der Rahmen legt die Größe des Quadrocopters fest. Eine wichtige Kennzahl ist dabei der Achsabstand. Gemeint ist damit der Abstand von zwei sich übers Kreuz gegenüberliegenden Motorwellen. Oftmals hört man die Begriffe: Quadrocopter der 30er, 40er oder 50er, 60er oder 70er Klasse. Die Zahlen bezeichnen dabei den Achsabstand in Zentimetern. Es sind ausschließlich geometrische Randbedingungen, welche diesen festlegen. Es muss dafür gesorgt sein, dass sich die Propeller frei drehen können. Es ist aber nicht so, dass für eine größere Schweberuhe mit Kameraflügen möglichst große Achsabstände nötig sind. Es sind hauptsächlich die Qualität der Sensormessung, die Motoren und Propeller sowie die Regler-Parameter, welche dies festlegen. Auch zur Rahmengröße kann eine einfache Regel aufgestellt werden:

8"-Propeller benötigen einen 30er- bis 40er-Rahmen
10"-Propeller benötigen einen 40er- bis 50er-Rahmen
12"-Propeller benötigen einen 50er- bis 60er-Rahmen
14"-Propeller benötigen einen 60er- bis 70er-Rahmen

Sollen mehr als vier Propeller angeordnet werden, beispielsweise deren sechs oder acht, wie es bei den Hexa- oder Octocoptern der Fall ist, muss die geometrische Anordnung geprüft werden, um Aussagen darüber treffen zu können, ob der Achsabstand jeweils ausreicht. Um Probleme durch Verwirbelungen am Ende der Propeller zu verhindern, empfiehlt es sich, zwischen zwei benachbarten Propellern immer einen Mindest-Abstand von 4 bis 5 cm einzuhalten. In Kapitel 7 „Tri-, Hexa-, Octocopter, allgemein Multicopter", werden einige der vielen möglichen Anordnungen behandelt. In einigen Fällen werden auch noch größere Systeme als solche mit 14"-Propellern gebaut. Es gibt heute auf dem Markt Direktantriebe für Quadrocopter, welche Propeller mit bis zu 18" oder noch mehr antreiben können.

Es kommt auch immer auch darauf an, wo die BL-Regler auf dem System platziert sind. Bei den meisten crashsicheren Rahmen sind die Ausleger zu den Motoren so groß, dass darin auch noch Platz dafür bleibt. So kann dann die Mitte kleiner ausgeführt werden, da sie nur noch die Steuerplatine, den Empfänger und den Akku tragen muss. Der Achsabstand kann so etwas kleiner gewählt werden.

Bei einem Baumarktframe sind die Ausleger meistens Alu- oder Carbonrohre, welche keine zusätzliche Elektronik tragen sollten, da diese sonst zu wenig geschützt wäre. Dann muss die Mitte größer gestaltet werden, da auch die BL-Regler darauf Platz finden müssen. Als Vergleich dazu dient Abbildung 10.

Bau eines Baumarktframes

Da der Hobbyanwender die Elektronik, die Motoren und die Propeller meistens sowieso einkaufen muss, gibt es eigentlich nur beim Rahmen ein echtes Sparpotenzial.

Aus diesem Grund wird nachfolgend der Selbstbau eines relativ günstigen Baumarktframes aufgezeigt, welcher einerseits für alle zu bauenden Größen sehr verwindungssteif ist, andererseits bei einem Crash eine Sollbruchstelle aufweist und so die Komponenten schützt und obendrein gar nicht so schlecht aussieht.

Da die 130×130-mm-Mittelplatte alle teuren Elektronikteile und den Akku tragen muss, muss dafür Sorge getragen werden, dass sie bei einem Crash keinen Schaden erleidet. Dazu wird zuerst ein Aluminiumkreuz nach Abbildung 22 gebaut. Das Vierkantrohr hat die Außenmaße 10×10×185 und die Innenmaße 8×8 und kann so ein Carbonrohr von 8 mm Durchmesser aufnehmen. In der Mitte wurde ein 8-mm-Loch gebohrt, um ein 8-mm-Alurohr zu fassen. Dieses wird auf zwei weitere Vierkantrohre 10×10×85 aufgesteckt und verschraubt. Jeweils 10 mm von der Kante entfernt wird mittig ein 3-mm-Loch

Abbildung 22: Mittelplatte, Alukreuz

gebohrt. Damit werden später die Ausleger verschraubt.

Nun werden zwei 130×130×1-Carbonplatten geschnitten, welche mit dem Alukreuz mit M3-Polyamidschrauben verschraubt werden. Der Lochabstand von der Mitte beträgt jeweils 50 mm. Da die Carbonplatten relativ teuer sind, können alternativ und mit wenigen Abstrichen (höheres Gewicht und geringere Festigkeit) auch 0,8-mm-Aluplatten verwendet werden.

Der Akku kommt auf die Unterseite und wird mit M6×40-Polyamidschrauben mit Flügelmuttern auf Abstand zum Boden gehalten, zum Schutz der Elektronik werden ebenfalls Carbonreste mit denselben Polyamidschrauben verwendet. Als Distanzhalter werden Carbonrohre mit 8 mm Durchmesser zugeschnitten. Abbildung 23 zeigt dies.

Die Ausleger bestehen aus 8-mm-Carbonrohren, alternativ und mit denselben Abstrichen wie oben kann auch Alu verwendet werden. Viele Baumarktframes, deren Ausleger mit Rohren ausgeführt sind, sind nicht genügend verwindungssteif und die Motoren können relativ leicht verdreht werden. Die Hersteller der Elektronik warnen davor, da in diesem Falle keine zuverlässige Regelung gewährleistet ist, also kein zuverlässiges Ausbalancieren.

Die hier vorgestellte Variante löst dieses Problem. Am Ende der Carbonrohre werden noch einmal 10×10×70-Alu-Vierkantrohre zur Motoraufnahme aufgesetzt und mit einer M3-Schraube verschraubt. Zusätzlich werden mit zwei weiteren Carbonrohren (4 bis 6 mm) und aufgesteckten kleineren Vierkantrohren je zwei Ausleger mit-

Abbildung 23: Mittelplatte mit Elektronik, Ansicht von oben

Abbildung 24: Komplett verschraubter Ausleger mit einem 60-g-Motor und 10"-Propeller

einander verbunden. Dies ist für die „x"-Anordnung in Ordnung, wird in „+"-Konfiguration geflogen, sollten aus Symmetriegründen alle vier Ausleger mit vier 4-mm-Carbonrohren verbunden werden. Das schafft selbstverständlich eine noch größere Steifigkeit.

Diese Zusatzverbindung sorgt einerseits für eine ausreichende Verwindungssteifigkeit und dafür, dass sich die Motoren nicht gegeneinander bewegen können; andererseits ist so auch gewährleistet, dass alle Motorwellen senkrecht stehen. Abbildung 24 zeigt einen komplett verschraubten Ausleger, es ist ein Ausschnitt von Abbildung 4.

Bei einem Absturz ist dieser Rahmen sicherlich nicht ganz so crashsicher wie ein gekaufter und extra dafür ausgelegter Rahmen. Es gehen jedoch immer zuerst die 8-mm-Carbonausleger zu Bruch und das genau dort, wo sie aus dem Vierkantrohr des Mittelstücks austreten. Dies ist aus mehreren Gründen sehr wünschenswert: die Elektronik sitzt sicher auf dem unzerbrechlichen Mittelstück, die Verformungsenergie beim Absturz geht nicht auf die Motoren und Propeller und, was ganz wichtig ist, nur ein relativ günstiges Teil, das 8-mm-Carbonrohr, welches mit nur zwei Schrauben befestigt ist, muss ausgewechselt werden. In fünf Minuten ist der Schadensfall auf dem Flugfeld behoben und der Flug kann weitergehen. Aus 1-m-Carbonrohr kann man auch gleich mehrere, je nach Achsabstand 15-25 cm lange Ersatzrohre fertigen.

Adaptierung auf größere Systeme

Diese Maße sind auf das Gewicht eines Quadrocopters mit 10"-Propellern und einen 40er- oder 50er-Rahmen ausgelegt, also bis etwa 1 kg Fluggewicht. Größere Rahmen können auch größere Motoren mit größeren Propellern tragen. Diese erzeugen auch mehr Schub und benötigen stärkere Rahmen. In diesen Fällen müssen für die Ausleger auch dickere Carbonrohre oder Vierkantrohre aus Aluminium mit 10 bis 12 mm verwendet werden. Außerdem müssen dann die Verbindungen der Ausleger bei den Motoren ebenfalls mit etwas dickeren Rohren realisiert werden. Dieses Bauprinzip lässt sich so also auch für größere Systeme anwenden.

2.9 Verkabelung

Die Verkabelung wird auf den Internetseiten der Hersteller, welche Komponenten herstellen, jeweils für ihr Produkt beschrieben. Da sie einen wichtigen Bestandteil zur zuverlässigen Funktion des Quadrocopters darstellt, sollen an dieser Stelle einige Ergänzungen gemacht werden.

Die Kabelquerschnitte sollten für einen Quadrocopter mit 30-g-Motoren/8"-Propellern (in Klammern jeweils für 60-g-Motoren/10"-Propellern) und einem drei- bis vierzelligen LiPo-Akku mindestens folgende Größen aufweisen:
Akku-Steuerungsplatine: 0,75 mm^2 (1,0 mm^2)
Steuerungsplatine-BL-Regler: 0,75 mm^2 (0,75 mm^2)
BL-Regler-Motor: 0,5 mm^2 (0,75 mm^2)

Die Verkabelung muss dabei sternförmig erfolgen, das heißt, dass für jeden BL-Regler Kabel von der Steuerplatine oder vom Akku weggehen.

Die Datenleitungen der I2C- oder Pulsweitemodulation, welche die Drehzahlsollwerte von der Steuerungsplatine zum BL-Regler übertragen, sollten so weit weg wie möglich von den Leistungskabeln verlegt werden.

Steckverbindung zwischen BL-Regler und Motor

Um die Auswechselbarkeit der Motoren oder eine einfache Demontage zum Transport zu gewährleisten, ist es sinnvoll, zwischen BL-Regler und Motor Stecker einzusetzen. Beim oben besprochenen Rahmen werden 2-mm-Goldkontakte verwendet.

Dies lässt eine einfache Demontage des gesamten Systems zu. Werden die vier Schrauben auf dem Mittelstück, die vier Schrauben am Ende der Ausleger und die Steckverbindungen gelöst, kann der gesamte Quadrocopter auch in einer kleinen Tasche transportiert werden. Abbildung 25 zeigt einen riesigen Quadrocopter mit Elektronik, 80 cm Achsabstand und 20"-Propellern mit 60-g-Getriebemotoren. Auch dieser kann auf diese Weise einfach demontiert und transportiert werden.

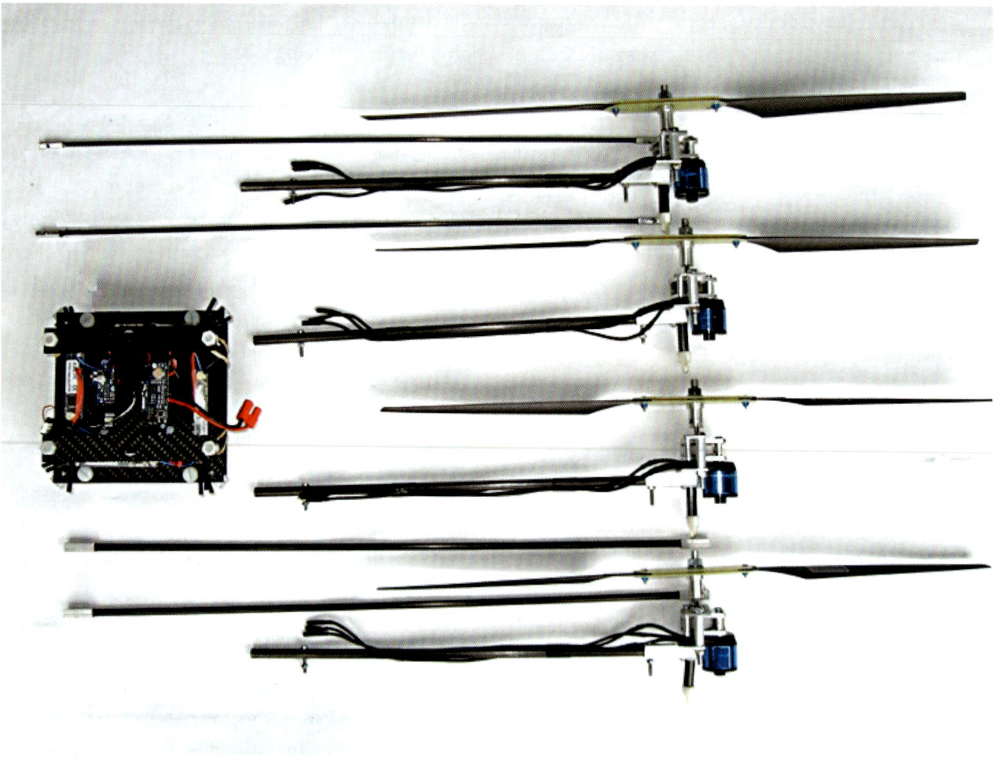

Abbildung 25: Mit acht gelösten Schrauben demontierter Quadrocopter

2.10 Sicherheit

So interessant die Technik doch ist, so wichtig ist es auch, die Sicherheit mit zu berücksichtigen. Wie bei allen hubschrauberähnlichen Luftfahrzeugen sind die Propeller auch bei den Quadrocoptern in der Waagerechten angeordnet. Diese weisen ein beträchtliches Sicherheitsrisiko für die Piloten und Zuschauer auf. Die kleineren Quadrocopter, welche als Komplettsystem gekauft und geflogen werden, haben heute noch am ehesten Schutzvorrichtungen. Diese können zum Beispiel aus Styroporringen oder anderem geschäumten Material bestehen, oder einfach aus einem Plastikring. Die Abbildung 26 zeigt ein Beispiel eines Quadrocopters als Komplettsystem, bei welchem das sehr gut gelöst wurde.

Mit der fortschreitenden Zuverlässigkeit aller Komponenten im technischen Modellbau werden aber heute auch die Quadrocopter immer größer gebaut und sie werden mit immer größeren Propellern ausgestattet.

Auch wenn die meisten der heute eingesetzten Systeme Propellergrößen von etwa 8“ bis 12“ aufweisen, so gibt es bis zu einem Rotordurchmesser von etwa 18“ bis 20“ heute doch etwa alles zu kaufen.

Aber auch schon die häufig eingesetzten 8“- bis 12“-Propeller weisen Durchmesser von 20 bis über 30 cm auf und dürfen deshalb keinesfalls unterschätzt werden, was die Sicherheit angeht. Zusätzlich sind auch die eingesetzten Propeller oftmals sehr hart. Unfälle durch unkontrolliert auf Menschen stürzende Quadrocopter könnten hier schlimme Folgen haben.

Leider werden diese Systeme in der Praxis sehr oft ohne Schutzkomponenten geflogen. Es soll an dieser Stelle jedoch ausdrücklich auf deren Wichtigkeit hingewiesen werden. Sicherheit gehört zu den Basiskomponenten, sie ist keine Option!

Möglichkeiten hierfür sind die oben erwähnten Ringe aus Styropor oder, wie es in der Abbildung 27 dargestellt wird, aus Kohlefaser.

Hier wurden 0,3 mm dicke Platten verwendet. Sie lassen sich beim konkreten Beispiel mit einer Gewichtszunahme von insgesamt 120 g realisieren. Diese Lösung wird beim „Hiller“s Aerial Sedan“ eingesetzt, welcher in Kapitel 8.1 beschrieben wird.

Besonders wer seinen Quadrocopter häufig zusammen mit Gleichgesinnten oder vor Zuschauern fliegt, sollte eine dieser gezeigten Lösungen umsetzen.

Fail Safe

Die modernen Fernsteuerungen sind mit einer sehr ausgeklügelten Technik ausgerüstet. Ihre Zuverlässigkeit macht es heute erst möglich, auch

Abbildung 26: Quadrocopter „Parrot Drone“ mit Schutzringen

Abbildung 27: Schutzring aus Kohlefaser

größere und teurere Fluggeräte sicher in der Luft zu steuern. Trotzdem kann ein Empfangsausfall vorkommen, beispielsweise wegen Funkstörungen. Zur Sicherheit gehört deshalb auch die Thematik des Fail Safe. Hier geht es darum, dass ein Modell nach einem Ausfall der Fernsteuerung möglichst sicher abschalten kann. Ganz wichtig ist das bei den fliegenden Modellen, da diese bei einem Ausfall der Fernsteuerung ein beträchtliches Sicherheitsrisiko darstellen.

Fail Safe heißt, dass das System nach einem erkannten Empfangsausfall möglichst sicher selbstständig landen kann. Bei einem Quadrocopter wird das so umgesetzt, dass sich dann die Nick- Roll- und Gier-Achse auf die Mittelstellung einstellen und die Gasstellung einen Sinkflug einleitet.

Die Einstellung von Fail Safe wird in den meisten Fällen in der Konfiguration der Steuerelektronik vorgenommen. Sie muss dazu erkennen, dass ein Empfangsausfall vorliegt. Empfangsausfälle können nur vom Empfänger festgestellt werden. Dieser kann das aufgrund der Signalqualität entscheiden. Er übermittelt dann

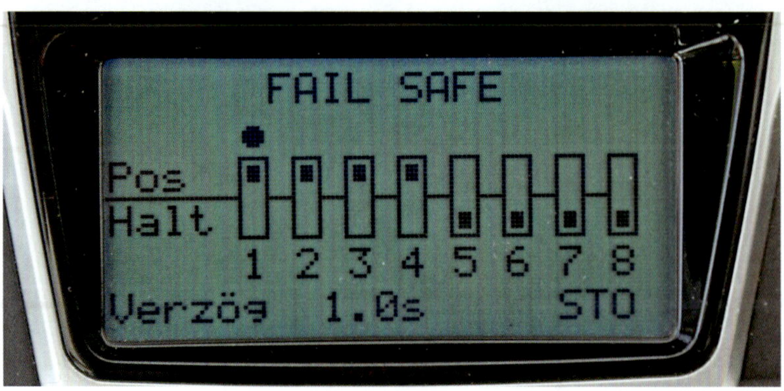

Abbildung 28: Fail Safe auf einem Fernsteuerungs-Display

der Steuerelektronik ein entsprechendes Signal, damit diese die entsprechenden Maßnahmen einleiten kann. Fail Safe ist dann entweder fest einprogrammiert, oder die entsprechenden Positionen der einzelnen Kanäle können über das PC-Interface entsprechend eingestellt werden.

Es ist aber bei verschiedenen Systemen auch möglich, das über die Fernsteuerung einzustellen. Abbildung 28 zeigt ein Fail Safe, welches auf deren Display programmiert werden kann. Hier wurden die ersten vier Kanäle, welche Gas, Gier, Nick und Roll entsprechen, auf „Position" gestellt, alle anderen auf „Halten". Nachdem der Empfänger einen Empfangsausfall bemerkt hat, stellt er die ersten vier Kanäle selbstständig auf eine bestimmte Position. Oftmals ist die Schnittstelle zwischen Empfänger und Quadrocopter das PPM-Summensignal. Es muss im Einzelfall jeweils geprüft werden, ob dieses auch ein Fail Safe an die Steuerelektronik weitergeben kann.

2.11 Zusätzliche Sensorunterstützung

Mit den bis jetzt beschriebenen Komponenten hält der Quadrocopterpilot bereits ein System in der Hand, mit welchem er wie oben beschrieben dieselben Steuerungsmöglichkeiten wie mit einem Hubschrauber hat. Er kann einerseits Speedflug betreiben, indem er das Modell in einem Winkel anstellt und damit Vortrieb und auch eine Bewegung in eine beliebige Richtung erzeugt. Andererseits kann er das Modell auch vor sich auf der Stelle schweben lassen. Gut ausgetrimmt ist es mit der Winkelregelung der Nick- und Roll- Achse sowie der Winkelgeschwindigkeitsregelung in der Gier- Achse bei Windstille durchaus möglich, die Fernsteuerknüppel einmal gemütlich loszulassen und dem Modell beim langsamen Davon-Driften zuzusehen. Und doch gibt es weitere Möglichkeiten, es mit zusätzlichen Sensoren noch besser zu kontrollieren.

Abbildung 29: Die sechs Freiheitsgrade eines Körpers im Raum

Als Verdeutlichung dazu sei noch einmal die Abbildung 29 dargestellt.

Allgemein hat ein Körper im Raum sechs Freiheitsgrade. So nennt man die Möglichkeiten, wie er bewegt werden kann. Wie in der Abbildung ersichtlich ist, gibt es die drei Winkelfreiheitsgrade, Nick, Roll und Gier sowie die drei Freiheitsgrade der Raumachsen, x, y und z. Eigentlich werden mit den Basiskomponenten nur relativ wenige Freiheitsgrade vom Modell selbst geregelt oder ausbalanciert, es sind nur die drei Winkelfreiheitsgrade. Streng genommen sind es eigentlich nur zwei, allenfalls zweieinhalb, da ja in der Gier-Achse nicht der absolute Winkel, sondern nur die Winkelgeschwindigkeit, also die Drehgeschwindigkeit geregelt wird. Der Kompass vom nächsten Kapitel schafft da dann Abhilfe. Der Spaß beim Fliegen kommt also dadurch zustande, dass der Quadrocopter-Pilot sein System irgendwo hinsteuern kann. Das heißt, dass er x, y und z selbst bestimmen kann.

Mit der heutigen Technik ist es jedoch möglich, alle sechs Freiheitsgrade zu messen und auszuregeln. So kann der Quadrocopter an einem Ort in der Luft stehenbleiben, der Traum des „Luftnagels" oder „Luftdübels" wird wahr.

In der Folge wird stichwortartig aufgelistet, welche Sensoren für die Messung und Regelung welcher Freiheitsgrade nötig sind. Den einzelnen Sensoren sind danach eigene Kapitel gewidmet.

- Luftdrucksensor: Er wird für den Freiheitsgrad in z-Richtung benötigt.
- Kompass: Er wird für die absolute Winkelmessung um die Gier-Achse benötigt, da der

Gyro für die Gier-Achse ja nur die Winkelgeschwindigkeit misst.

- Global Positioning System (GPS): Es wird für die beiden Freiheitsgrade in x- und y-Richtung benötigt.

Diese vier Freiheitsgrade können zu den beiden bereits geregelten Freiheitsgraden des Nick- und Roll-Winkels addiert werden und es ergeben sich so eben diese sechs.

Wer sich unschlüssig ist, in welcher Reihenfolge er seinen Quadrocopter erweitern soll, dem sei Untenstehendes nahegelegt:

erst Luftdrucksensor, dann Kompass, dann GPS

Auch preislich sind die Sensoren in dieser Reihenfolge aufsteigend.

Vor der Erklärung der weiteren Komponenten sei noch auf Folgendes hingewiesen: Nicht jeder Quadrocopter-Pilot möchte sein System mit allen möglichen Sensoren ausrüsten. Je nach Anwendung kann es durchaus sinnvoll sein, nur die weiter oben beschriebenen Sensoren für den Nick- und Roll-Winkel und die Drehgeschwindigkeit zu verwenden. Mehr Technikunterstützung mit zusätzlich geregelten Freiheitsgraden heißt auch, dass er weniger Freiheitsgrade von Hand steuern muss bzw. darf. Ein in allen sechs Freiheitsgraden geregelter und in der Luft stehender Quadrocopter ist zwar vom Standpunkt des Technikfreaks oder Kamerafliegers aus gesehen das Nonplusultra, vom Standpunkt des Speedflug-Piloten hingegen eine pure Spaßbremse.

2.12 Luftdrucksensor

Er misst die Höhe und sorgt für ihre Regelung (Z-Freiheitsgrad).

Der Luftdruck nimmt bei steigender Höhe über Meer ab. Auf eine Membran wirkt auf der einen Seite der Referenzdruck und auf der anderen Seite der Luftdruck. Verändert sich dieser, verformt sich die Membran, und ein eingearbeiteter Dehnmessstreifen setzt dies in Spannung um. Abbildung 30 zeigt einen Luftdrucksensor.

Abbildung 30: Luftdrucksensor

Durch das Loch in der Mitte strömt die Luft zur Membran.

Nicht nur bei einer Änderung der Höhe ergeben sich Luftdruckänderungen. Auch andere Einflüsse können solche bewirken, so beispielsweise der Luftstrom der Propeller oder Windstöße. Bei der Montage muss dieser Begebenheit Rechnung getragen werden, ein Platz direkt auf der Steuerungsplatine mit dem Loch nach unten oder oben ist hier sinnvoll. Um den Sensor von weiteren Störeinflüssen abzuschirmen, kann man etwas Schaumstoff oder einen Klebestreifen mit einem Nadelloch draufkleben, man muss dabei aber darauf achten, dass man dabei die Membran nicht zerstört.

Höhenregler

Es gibt unterschiedliche Arten, wie die Hersteller der Steuerelektronik den Höhenregler in der Software realisieren. Es sollen an dieser Stelle zwei Möglichkeiten dargestellt werden.

Bei der ersten Variante hat der Gasknüppel in der Mittelstellung einen Bereich, in welchem der Quadrocopter die erreichte Höhe hält. Er regelt dann bei dieser Gasstellung selbstständig den Schub. Ist der Gasknüppel oberhalb dieser Zone, wird Steigflug erzielt, ist er unterhalb, Sinkflug.

Bei der zweiten Variante muss der Gashebel so gestellt werden, dass der Quadrocopter in den Steigflug übergeht. Wird jetzt ein Schalter an der Fernsteuerung umgelegt, hält er die aktuelle Höhe. Wird das Gas zurückgenommen, geht er in den Sinkflug über. Der Höhenregler funktioniert also bildlich wie ein „Dach", über welches der Quadrocopter nicht hinausfliegen kann. Bei beiden Varianten kann die Höhenregelung mit einem zusätzlichen Fernsteuerungskanal ein- und ausgeschaltet werden. Das hat den Vorteil, dass der Modellpilot selber entscheidet, wann der Quadrocopter die Höhe regelt und wann er selbst die volle Kontrolle der Höhe über den Gasknüppel hat.

Es gibt weitere Varianten für die Realisierung der Höhenregler, sie darzulegen würde jedoch den Rahmen dieses Buches sprengen.

2.13 Kompass

Er misst den absoluten Winkel in der Gier-Achse und sorgt für ihre Regelung (Gier-Freiheitsgrad).

Werden nur die Basiskomponenten verwendet, so misst der in der Gier- Achse verwendete Gyro nur die Winkelgeschwindigkeit, also nicht den absoluten Winkel. Wird jetzt der Gierknüppel der Fernsteuerung in der Mitte gehalten, so heißt das für den Regler auf der Steuerplatine: Winkelgeschwindigkeit „Null". Das heißt auch, dass sich der Gier-Winkel nicht verändert, die „Nase" (das ist dort, wo vorne ist, wenn man beim Quadrocopter überhaupt von einer „Nase" und von „vorne" sprechen kann) also immer an der gleichen Stelle bleibt. Zumindest in der Theorie stimmt das. In der Praxis misst der Gyro Winkelgeschwindigkeit Null, wenn diese tatsächlich gar nicht exakt Null ist. Dies kann wegen Temperatureinflüssen nicht verhindert werden, auch eine Gyrokalibrierung vor dem Flug hilft da nicht weiter.

Somit wird sich die „Nase" also je nach Güte der Kalibrierung oder der Trimmung mehr oder weniger langsam wegdrehen, was der Modellpilot wie bei einem Hubschrauber durch eine Gegenbewegung des Gier-Knüppels oder dessen Trimmung ausgleicht.

Möchte man, dass der Quadrocopter die Nase bei der Gier-Knüppelstellung Null immer an derselben Stelle hält, benötigt man einen zusätzlichen Sensor, nämlich einen Kompass. Dieser misst dann nicht mehr eine Relativbewegung zur Erde, sondern exakt, in welcher Himmelsrichtung das System bezogen auf die Erde steht.

Viele elektronische Kompasse funktionieren auf der Basis von Hall-Sensoren. Der Hall-Effekt ist das Auftreten einer elektrischen Spannung in einem stromdurchflossenen Leiter, der sich in einem Magnetfeld befindet. Die Erde erzeugt zwischen Nord- und Südpol ein Magnetfeld, welches auch dafür zuständig ist, dass sich die Kompassnadel immer nach Norden ausrichtet.

Das Wort „immer" ist dabei mit Vorsicht zu genießen. Befindet man sich nämlich in einem geschlossenen Raum mit Metall in den Wänden oder sind Strom führende Kabel oder eisenhaltige Gesteine in der Nähe, dann wird die Kompassnadel abgelenkt.

Auch der elektronische Kompass misst solche Störungen. Deshalb ist es wichtig, dass sie möglichst gut abgeschirmt oder mit geeigneten Maßnahmen unterdrückt werden.

So sollte der Kompass möglichst weit weg von der Steuerelektronik, den BL-Reglern und dem Piezosummer montiert werden. Wegen des Metalls in den Wänden wird oftmals auch von Problemen und Fehlmessungen bei Indoorflügen berichtet. Da der eingebaute Kompass sich bei Nick und Roll zusammen mit dem Quadrocopter neigt, muss er neigungskompensiert ausgeführt sein, sonst kommt es ebenfalls zu Fehlmessungen.

Regelung des Gier-Winkels

Wie bei der Realisierung des Höhenreglers gibt es auch bei der Regelung des absoluten Gier-Winkels verschiedene Möglichkeiten. Eine einfache ist ähnlich wie dort beschrieben. Ist der Gier-Knüppel in der Mittelstellung oder weicht er nur leicht davon ab, so wird die Winkelregelung aufgrund des Kompasses aktiv und der dann aktuelle absolute Winkel wird gehalten. Ist die Knüppelstellung genügend weit links oder genügend weit rechts, wird die Winkelgeschwindigkeit geregelt, genauso wie bei der Konfiguration ohne Kompass. Das heißt also, je weiter links

Abbildung 31: Kompass mit Elektronikaufnahme

bzw. rechts der Knüppel steht, desto schneller dreht sich die Nase.

Der Kompass und der Beschleunigungssensor, welche den Gier-Winkel bzw. die Nick- und Roll-Winkel messen, haben eine interessante Gemeinsamkeit. Bei beiden Sensortypen werden die Winkel im Weltkoordinatensystem gemessen. Immer wird die Winkellage des Quadrocopters gegenüber der Erde gemessen. Somit müssen den Sensoren auch erdbezogene Messprinzipien zugrunde liegen. Beim Kompass wurde oben beschrieben, dass er das zwischen Nord- und Südpol vorhandene Magnetfeld misst. Beim Beschleunigungssensor sieht man bei Abbildung 12, dass dort die Erdbeschleunigung g als Referenz dient. Sie zeigt immer zum Erdmittelpunkt, ist also selbstverständlich ebenfalls erdbezogen.

Care-Free-Steuerung oder orientierungs-unabhängige Steuerung

Sobald ein Quadrocopter mit einem Kompass erweitert ist, kann die Elektronik auch eine ganz andere Art der Steuerung zulassen. Man kann dann bei einigen Systemen auf einen neuen Modus umschalten. Bei diesem zeigen die Funktionen „Nick" und „Roll" vom Piloten aus gesehen immer in die gleiche Richtung, unabhängig von der aktuellen Orientierung des Quadrocopters. Sobald der Gier-Knüppel betätigt wird, berechnet der eingebaute Kompass fortlaufend, wie sich seine eigene Orientierung ändert. Daraus rechnet er die „Nick"- und „Roll"-Steuerbefehle um und steuert das System so, dass es vom Piloten aus gesehen immer gleich erscheint. Diese Funktion wird bei einigen Systemen beispielsweise „Care Free" oder ähnlich genannt, sofern sie vorhanden ist. Wer diesen Modus beherrscht, kann den Quadrocopter also beispielsweise fortlaufend um die Hochachse drehen lassen und dabei immer noch mit Nick und Roll in die gewünschte Richtung drehen.

Wichtig ist es hierbei, dass der Pilot sich nicht zusammen mit dem Quadrocopter wegdreht, sondern immer am selben Ort stehen bleibt und in dieselbe Richtung schaut. Sonst läuft er Gefahr, selbst die Orientierung zu verlieren. Die Vorteile dieses Modus können in diesem Falle schnell zum Nachteil werden. Wer seinen Quadrocopter in allen Fluglagen und Orientierungen beherrschen möchte, soll sich selbst überlegen, ob er diesen Modus für die Übung benutzen möchte. Beim Üben ist es ja gerade zu Beginn wichtig, dass man den Quadrocopter mit dem Gier-Knüppel in der richtigen Orientierung hält. Gerade das ist bei der „Care-Free“-Funktion aber nicht mehr nötig. Ein Quadrocopter Pilot sollte aber die Bewegung mit dem Gier-Knüppel schon beherrschen. In jedem Falle aber ist diese Funktion eine interessante Bereicherung des Quadrocopterflugs.

Mit den bis jetzt besprochenen Komponenten werden von den Winkelfreiheitsgraden alle drei, und von den drei Freiheitsgraden der Raumachsen, die Z-Achse (Gas, Höhe) geregelt. Das entspricht also einer Kontrolle von vier der sechs Freiheitsgrade nach Abbildung 29.

1. Nick: mit Gyro und Beschleunigungssensor (allgemein Inertial Measurement Unit)
2. Roll: mit Gyro und Beschleunigungssensor (allgemein Inertial Measurement Unit)
3. Gier: nur Winkelgeschwindigkeit: Gyro, Winkel: Gyro und Kompass
4. Höhe (Z): Luftdrucksensor

Es fehlen bis jetzt also noch die zwei Freiheitsgrade X und Y. Diese werden mit GPS gemessen und geregelt und in Kapitel 5 „GPS und Fotoflug“ besprochen.

3. Etwas Flugmechanik

Um es gleich vorwegzunehmen: man kann ein passionierter Quadrocopterbauer und -pilot sein, auch wenn man keine Freude an Physik hat und an dem, was in den Kapiteln „Etwas Flugmechanik“, „Einstellen der Regler“ und „Auslegung der Motoren und Propeller“ behandelt wird. Das Verständnis für die Sache ist immer noch gewährleistet, wenn man nur die kursiv gedruckten Erkenntnisse am Ende dieser Kapitel liest.

Wer verstehen möchte, weshalb ein Quadrocopter überhaupt fliegt, wie er sich selbstständig ausbalanciert und wie man Reglerparameter wählt, damit er einen vorgegebenen Anstellwinkel in Nick oder Roll erreicht, oder welche Motoren und Propeller man einsetzt, dem sei die Lektüre dieser Kapitel jedoch nahegelegt.

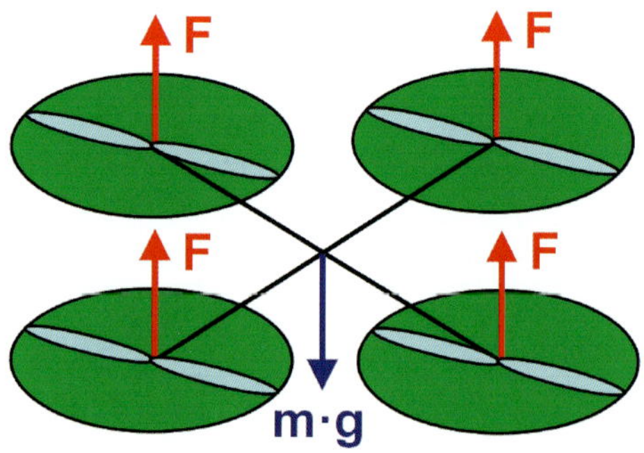

Abbildung 32: Kräfteverhältnisse im Schwebeflug

3.1 Schwebeflug

Abbildung 32 zeigt ein Kräftediagramm für den normalen Schwebeflug. Aus der Physik ist „Actio = Reactio“ bekannt, das kann hier gleich angewendet werden. Im Schwebeflug ist nämlich die Summe der vier roten Kräfte gleich der blauen. Die roten Kräfte sind dabei die von den vier Propellern erzeugten Schubkräfte und die blaue Kraft ist die Gewichtskraft (Masse m multipliziert mit der Erdbeschleunigung g). Also:

$$4 \cdot F = m \cdot g$$

Bei dieser Gleichung sei noch etwas zu den Einheiten erwähnt: normalerweise gibt der Modellbauer die Schubkraft in Gramm oder Kilogramm an, das wird auch im vorliegenden Buch so gehandhabt. Streng genommen wird aber die Kraft in der Einheit Newton angegeben. Dabei wird der Wert in Kilogramm einfach noch mit der Erdbeschleunigung g (ungefähr 10 m/s^2) multipliziert. Ein Quadrocopter, welcher total 1,2 kg Schub erzeugt, erzeugt also physikalisch richtig ausgedrückt 12 N Schubkraft. So stimmt auch die obere Gleichung: auf der linken Seite steht für dieses Beispiel 4×3 N, auf der rechten Seite 1,2 kg×10 m/s^2. Um die 12 N Gewichtskraft aufzubringen, muss also jeder der vier Motoren 3 N Schubkraft (oder in der Modellbauersprache eben 300 g Schub) aufbringen.

Mit leichten Abwandlungen dieser Formel kann auch gleich noch Steig- oder Sinkflug behandelt werden. Für den Steigflug bringt jeder

Motor mehr als die 3 N Schubkraft, für Sinkflug weniger.

Steigflug: $4 \cdot F > m \cdot g$, Sinkflug: $4 \cdot F < m \cdot g$

3.2 Der Anstellwinkel φ

Soweit so gut. Als Nächstes möchte man jetzt aber seinen Quadrocopter in Nick- oder Rollrichtung mit einem Winkel anstellen, damit er auf eine Seite wegdriften kann und Bewegungen in x- oder y-Richtung (man erinnere sich an die Freiheitsgrade in Abbildung 29) möglich werden.

Wie eine Bewegung um den Winkel φ tatsächlich erreicht wird, wird später behandelt. Vorläufig sollen einmal nur die Kräfteverhältnisse für einen um den Winkel φ angestellten Quadrocopter betrachtet werden. Abbildung 33 zeigt diese von der Seite. Ob Nick oder Roll dargestellt wird, ist wegen der Symmetrie dasselbe. Selbstverständlich sind auch jetzt immer noch die vier Schubkräfte aktiv. Die mittleren beiden stellen die in dieser Darstellung nicht gezeichneten Propeller der anderen Achse dar.

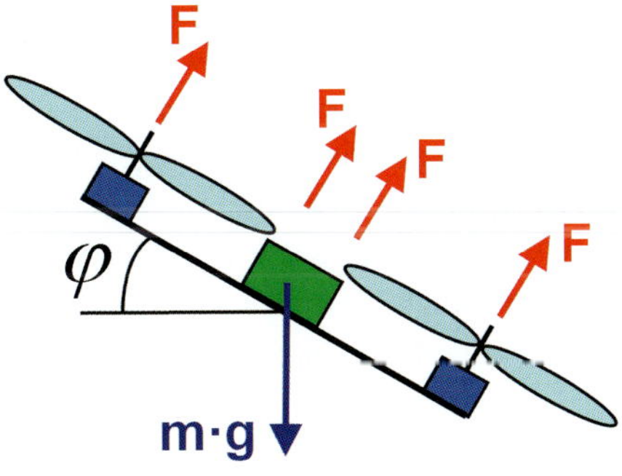

Abbildung 33: Kräfteverhältnisse mit Anstellwinkel φ

Die Schubkräfte zeigen dabei immer noch in dieselbe Richtung wie die Motorachse, die Gewichtskraft setzt immer noch beim Schwerpunkt an und zeigt in Richtung Erdmitte.

Die Kräfte sind einander also nicht mehr genau entgegengesetzt, wie das beim reinen Schwebeflug der Fall war.

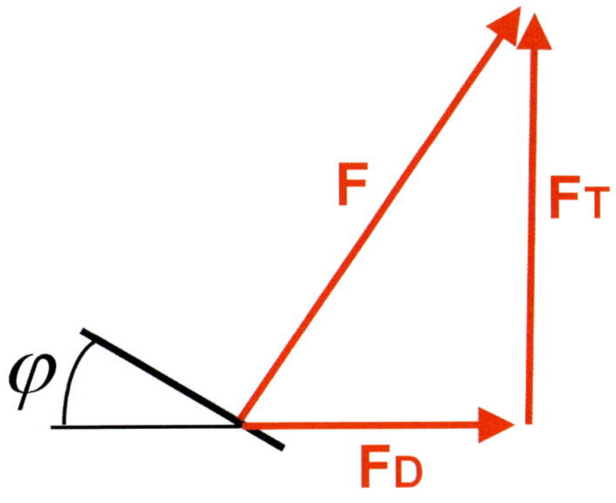

Abbildung 34: Zerlegung der Schubkraft F in eine Tragkraft F_T und eine Driftkraft F_D

Kräfte wirken immer in bestimmte Richtungen, sie sind sogenannte Vektoren. Sie haben deshalb immer eine Pfeilspitze am Ende. Man kann sie nach Belieben in eine Summe anderer Kräfte aufteilen. Abbildung 34 zeigt, wie das zu verstehen ist. Anstelle der Kraft F können auch zwei Kräfte gezeichnet werden. Die zweite knüpft an die Pfeilspitze der ersten an. F_D soll nachfolgend die Driftkraft genannt werden, sie wirkt in der Waagerechten. Die Kraft F_T soll nachfolgend die Tragkraft genannt werden, sie wirkt in der Senkrechten. Abbildung 35 zeigt eine Gesamtanordnung der zerlegten Kräfte. Die in der Mitte eingezeichneten Kräfte $2 \times F_T$ und $2 \times F_D$ gehören wieder zu den zwei nicht eingezeichneten anderen Propellern.

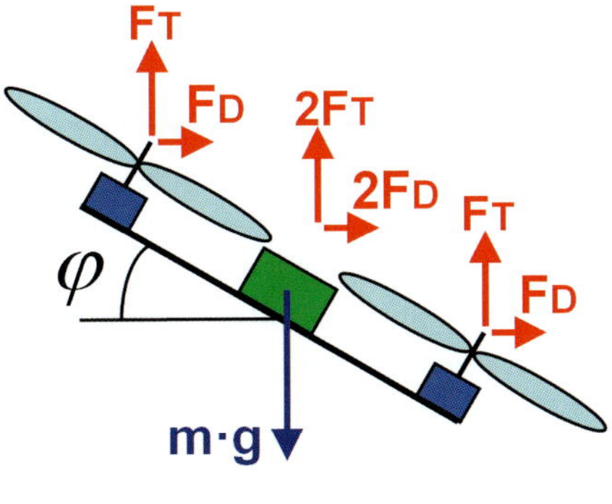

Abbildung 35: Tragkraft F_T und Driftkraft F_D

Die vier Tragkräfte F_T wirken dabei wieder exakt der Gewichtskraft m×g entgegen. Damit der Quadrocopter während des Driftens keine Höhe verliert, muss selbstverständlich wieder gelten:

$$4 \cdot F_T = m \cdot g$$

Das Kräftedreieck in Abbildung 34 ist rechtwinklig. Es ist unschwer erkennbar, dass die Schubkraft F immer die längste Seite – die Hypotenuse – ist. Sie ist immer größer als die Tragkraft F_T und größer als die Driftkraft F_D.

Die Stellung des Gasknüppels wirkt immer auf die Schubkraft F. Stellt man den Quadrocopter jetzt mit φ an, wirkt gemäß obiger Formel anstelle von F nur die kleinere Tragkraft F_T der Gewichtskraft entgegen. Ohne Veränderung des Gasknüppels beginnt der Quadrocopter nun zu sinken und driftet zur Seite weg (oder nach vorn, je nachdem, ob φ in Roll- oder Nickrichtung wirkt). Dies muss der Pilot mit einer Erhöhung der Gasknüppelstellung ausgleichen. Eigentlich stimmt das aber nur dann, wenn der vom Luftdrucksensor gesteuerte Höhenregler ausgeschaltet ist. Ist er eingeschaltet, dann wird die Kraft F unabhängig von φ so eingestellt, dass $4 \times F_T = m \times g$ ist. Bei grösserem φ gibt der Regler dann also automatisch mehr Gas, um die Höhe zu halten.

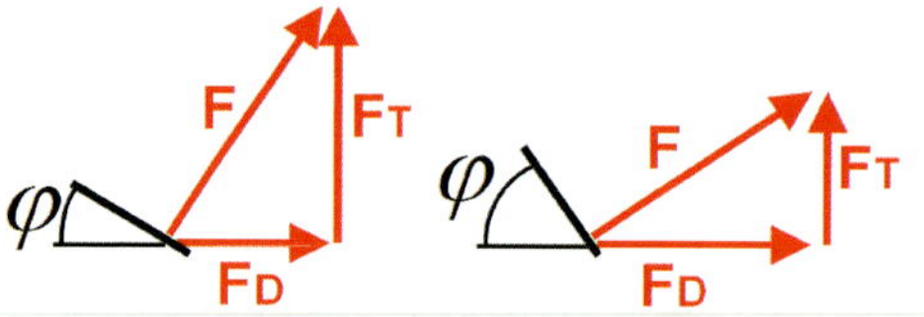

Abbildung 36: Vergleich von zwei Kräftedreiecken bei unterschiedlichem Anstellwinkel φ

Abbildung 36 zeigt einen Vergleich, wie sich die Kräfteverhältnisse bei unterschiedlichem Anstellwinkel φ verändern. Es ist erkennbar, dass die Tragkraft F_T bei grösserem Anstellwinkel und gleich bleibender Schubkraft F zugunsten der Driftkraft F_D kleiner wird. Bei der rechten Abbildung driftet der Quadrocopter schneller, dafür muss mehr Gas gegeben werden, um ihn in der Schwebe zu halten.

Noch einmal sei auf „Actio = Reactio" aufmerksam gemacht. Diese Regel wird in Abbildung 35 eigentlich verletzt. Während in der Senkrechten den vier Tragkräften F_T die Gewichtskraft m×g entgegenwirkt, scheint der Driftkraft F_D in der Waagerechten nichts entgegenzuwirken. Legt man an einen Körper im Raum eine Kraft F an, wirkt ja F = m×a, Kraft = Masse×Beschleunigung. Der Körper wird also mit a = F/m konstant beschleunigt. Weiter gilt ja auch v = a×t, Geschwindigkeit = Beschleunigung×Zeit. Würde dies also alles stimmen, würde die seitliche Geschwindigkeit des Körpers stetig zunehmen.

Selbstverständlich gilt dies in der Praxis nicht. Es gibt nämlich noch etwas Unverzichtbares für Quadrocopter im Raum, es wird auch dafür benötigt, dass die Propeller überhaupt Schub erzeugen können – Luft.

Jeder hat wohl mit seinem Auto schon einmal das Gaspedal über längere Zeit im gleichen Gang ganz nach unten gestampft und dabei festgestellt, dass die Geschwindigkeit irgendwann nicht mehr weiter zunimmt. Den vier Driftkräften F_D wirkt eine Luftwiderstandskraft F_L entgegen. Sie wird mit wachsender Geschwindigkeit größer und ist irgendwann gleich groß wie $4 \times F_D$. Dann ist die Endgeschwindigkeit erreicht. In der Abbildung 37 ist das dargestellt. Die Kraft F_L greift nicht an

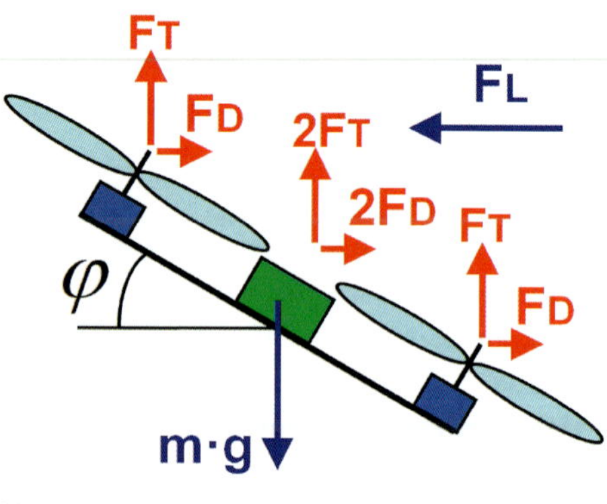

Abbildung 37: Alle Kräfte inklusive Luftwiderstand

einer bestimmten Stelle des Quadrocopters an, sondern auf der ganzen Oberfläche, deshalb ist sie „frei fliegend" gezeichnet. In der Waagerechten wirkt sie den Driftkräften F_D entgegen, es gilt also bei einer bestimmten Endgeschwindigkeit auch hier wieder „Actio = Reactio".

3.3 Allgemeine Kräfteverhältnisse

Bis jetzt ist noch nicht behandelt worden, welche Mechanismen greifen müssen, damit sich der Quadrocopter um den Winkel φ drehen kann. Dazu müssen die Kräfte für einen allgemeinen Fall behandelt werden. Ohne Einschränkungen ist es hierfür möglich, dies nur für zwei gegenüberliegende Rotoren zu machen. Abbildung 38 zeigt einen solchen allgemeinen Fall, bei welchem die Kraft F_1 nicht gleich groß ist wie F_2. Um sich vorstellen zu können, was in diesem Fall passiert, kann man auch hier die beiden Kräfte F_1 und F_2 je in zwei andere Kräfte zerlegen, ähnlich, wie oben bereits die Schubkraft F in die zwei Kräfte F_T und F_D zerlegt wurde. Abbildung 39 zeigt das.

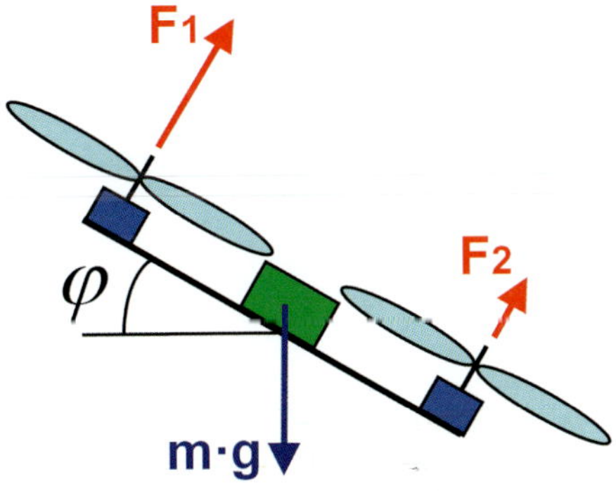

Abbildung 38: Allgemeiner Fall: F1 ≠ F2

F_1 und F_2 werden dabei in die zwei Kräfte F und F_R zerlegt. F ist wieder die von vorhin bekannte Schubkraft und F_R ist eine Rotationskraft. Weshalb sie Rotationskraft heisst, wird gleich erklärt.
Es ist aus der Abbildung erkennbar, dass

$F_1 = F + F_R$ und $F_2 = F - F_R$

Ein Zahlenbeispiel soll das illustrieren. Wenn F = 5 N ist und F_R = 2 N, dann gilt F_1 = 5 N + 2 N = 7 N und F_2 = 5 N - 2 N = 3 N. Vergleicht man das mit den Pfeillängen, dann erscheint das auch plausibel. Diese Formeln können auch umgeformt werden, sodass F und F_R aus gegebenen F_1 und F_2 berechnet werden können:

$$F = \frac{F_1 + F_2}{2} \quad \text{und} \quad F_R = \frac{F_1 - F_2}{2}$$

Die Beispielzahlen von oben müssen auch diese Gleichungen erfüllen: 5 N = (7 N + 3 N)/2 und 2 N = (7 N - 3 N)/2

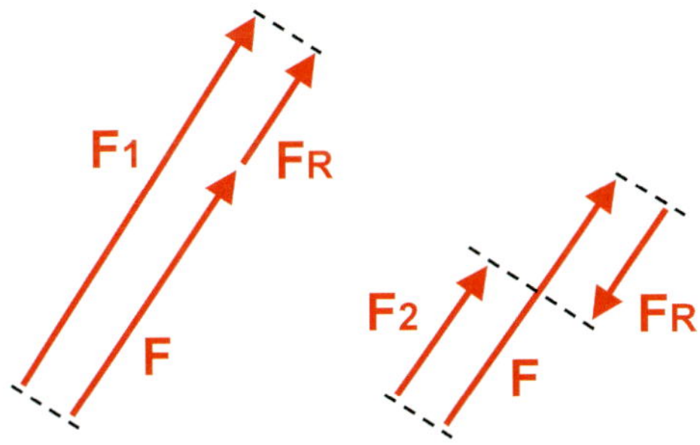

Abbildung 39: Allgemeiner Fall: Zerlegung von F_1 und F_2 in F und F_R

Die Wirkung der Schubkraft F wurde schon oben erklärt. Sie kann ihrerseits eben in Tragkraft F_T und Driftkraft F_D aufgeteilt werden. F ist also zum „Tragen" und zum „Driften" verantwortlich, kann aber keine Drehung um den Winkel φ bewirken.

3.4 Ein einfaches physikalisches Modell

Es liegt somit nahe, dass die Kraft F_R – die Rotationskraft – für diese Drehung verantwortlich sein muss. In einer vereinfachten Darstellung wird also im Folgenden nur die Wirkung von F_R weiter untersucht (und es werde stillschweigend angenommen, dass der Quadrocoper durch das nicht eingezeichnete F auch noch schwebt und allenfalls driftet).

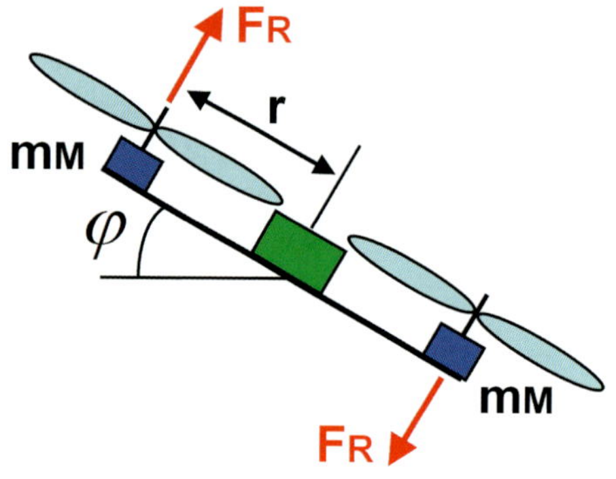

Abbildung 40: Nur F_R ist zur Drehung um φ relevant

Zum Schluss des Kapitels wird es noch einmal richtig kompliziert. Um ein einfaches physikalisches Modell herzuleiten, muss jetzt mit dem Trägheitsmoment J und dem Drehmoment M

$$a)\quad M = J \cdot \ddot{\varphi}$$

$$b)\quad 2 \cdot F_R \cdot r = 2 \cdot m_M \cdot r^2 \cdot \ddot{\varphi}$$

$$c)\quad \ddot{\varphi} = \frac{F_R}{m_M \cdot r}$$

operiert werden.

a.) besagt, dass Drehmoment = Trägheitsmoment×Winkelbeschleunigung ist. Diese Formel ist speziell dann, wenn der Physikunterricht weit zurückliegt, nicht mehr unbedingt geläufig. Sie kann aber aus F = m×a (Kraft = Masse×Beschleunigung) abgeleitet werden. Die beiden Formeln sind nämlich ähnlich, während F = m×a für eine Bewegung entlang einer Achse gilt, gilt $M = J \cdot \ddot{\varphi}$ für Drehungen um eine Achse. $\ddot{\varphi}$ ist dabei die sogenannte Winkelbeschleunigung oder die zweite Ableitung des Winkels nach der Zeit. b) ist eine Umformung in Größen, welche in Abbildung 40 dargestellt werden, es gilt

$$M = 2 \cdot F_R \cdot r$$

und

$$J = 2 \cdot m_M \cdot r^2 .$$

Bei der Berechnung des Trägheitsmoments J wird angenommen, dass die Massen der Achse hauptsächlich aus den Motormassen m_M bestehen.

Das alles kann mit c.) nach $\ddot{\varphi}$ aufgelöst werden und es ergibt sich folgender Merksatz:

Die Rotationskraft F_R wirkt auf die Winkelbeschleunigung $\ddot{\varphi}$.

Es wurde bereits beim Kapitel über die Steuerungsplatine erklärt, dass sich der Quadrocopter selbst ausbalanciert. Der Pilot gibt also mit dem Steuerknüppel nur einen gewünschten Anstellwinkel φ vor, welcher dann über interne Regler erreicht wird. Die Regler werden im nächsten Kapitel ‚Einstellen der Regler' behandelt.

Die Integration der Winkelbeschleunigung ist die Winkelgeschwindigkeit und die Integration der Winkelgeschwindigkeit ist der Winkel selbst. Um den Winkel φ zu berechnen, muss also $\ddot{\varphi}$ zweimal integriert werden. Ganz zum Schluss sei dies in einer grafischen Darstellung beschrieben. Die beiden Integratoren können auch mit einer etwas theoretischeren Beschreibung als 1/s dargestellt werden.

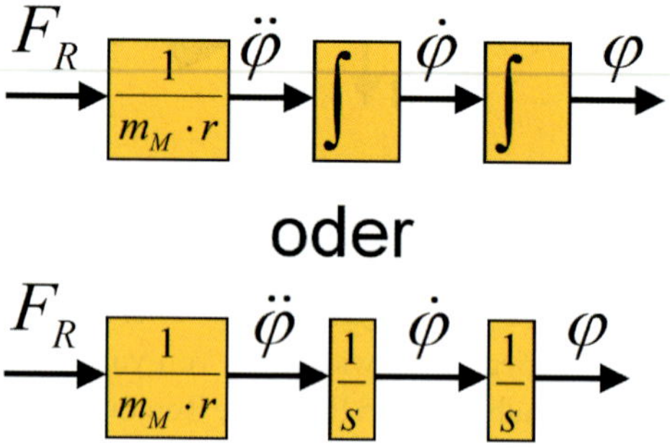

Abbildung 41: Ein physikalisches Modell einer Achse

3.5 Erkenntnisse in Kurzform

Alles zu kompliziert? Hier werden die wichtigsten Erkenntnisse des Kapitels noch einmal in Rezeptform dargestellt.

Für das reine Schweben gilt:

$$4 \cdot F = m \cdot g$$

Die Addition der vier Schubkräfte F gleicht die Gewichtskraft aus und hält das Modell in der Schwebe.

Für den mit dem Winkel φ *angestellten Quadrocopter gilt:*

$$4 \cdot F_T = m \cdot g \; .$$

Der Gewichtskraft wirkt jetzt nur noch die kleinere Tragkraft entgegen, dafür driftet er. Der Pilot gleicht das mit etwas mehr Gas aus.

Damit eine Drehung um den Winkel φ *möglich wird, dürfen die erzeugten Kräfte* F_1 *und* F_2 *von zwei gegenüberliegenden Propellern nicht gleich sein. So ergibt sich eine Rotationskraft* F_R*, welche allein für die Drehung verantwortlich ist.*

Die Rotationskraft F_R *wirkt auf die Winkelbeschleunigung* $\ddot{\varphi}$*. Die Integration der Winkelbeschleunigung ist die Winkelgeschwindigkeit und die Integration der Winkelgeschwindigkeit ist der Winkel selbst. Um ein physikalisches Modell von* φ *zu erhalten, muss* $\ddot{\varphi}$ *also noch zweimal integriert werden.*

4. Einstellung der Regler

Die Einstellung der Regler bietet in den Internet-Foren Anlass zu großen Diskussionen. Es geht dabei um die Frage, wie die Reglerparameter oder die „Settings" gewählt werden müssen, damit sich ein bestimmtes gewünschtes Flugverhalten einstellt. Dieses Kapitel hat zum Ziel, einen gemeinsamen Nenner für alle Systeme schaffen. Deshalb muss zu Beginn etwas Ordnung in die Vielzahl der Parameter und der verschiedenen Softwarehersteller gebracht werden.

Auf den folgenden Seiten geht es ausschließlich um das schon in früheren Kapiteln erwähnte selbstständige „Ausbalancieren", das Regeln der Nick- und Rollachse. Die Parameter, welche dafür zuständig sind – K_P und K_D –, sind immer mit die wichtigsten des ganzen Systems, da sie ganz direkt für das Verhalten – beispielsweise agil für den Speed- und Kunstflugpiloten oder gemütlich für den Kamerapiloten – verantwortlich sind.

Regler, welche K_P und K_D beinhalten, heißen Proportional-Differential (PD)-Regler. K_P wird auch „P-Anteil", K_D auch „D-Anteil" genannt.

4.1 Die Regelung der Nick- und Roll-Achse

In der Abbildung 42 findet man ein sogenanntes Blockschaltbild der geregelten Nick- oder Roll-Achse.

Die rechte Seite in Gelb stellt die eigentliche Hardware des Quadrocopters dar. Den Kern bildet dabei das im letzten Kapitel hergeleitete physikalische Modell der Achse. Die linke Seite in Rot zeigt, wie die in der Software einzustellenden Parameter des PD-Reglers damit verknüpft sind. Die Winkelgeschwindigkeit $\dot{\varphi}$ wird mit dem Gyrosensor, φ mit der Kombination Gyrosensor und Beschleunigungssensor gemessen. Dies wurde in Kapitel 2.2 behandelt.

Der Modellpilot gibt mit dem Nick- bzw. Rollknüppel den gewünschten Anstellwinkel φsoll vor. Der Winkel φ wird mit φsoll verglichen. Er wird dazu von diesem abgezogen und das Resultat mit einem Faktor K_P (für K proportional) verstärkt. K_P hat die Aufgabe, so auf die Rotationskraft F_R einzuwirken, dass φ gleich gross wird wie φsoll. Das Signal des Gyrosensors $\dot{\varphi}$ ist die zeitliche Ableitung des Winkels. Dieses Signal wird mit einem Faktor K_D (für K differential) verstärkt und wirkt ebenfalls auf die Kraft F_R. Man könnte beweisen, dass der Winkel φ ohne die zusätzliche Rückführung über das Gyrosignal nicht stabilisiert werden kann. Davon wird an dieser Stelle aber abgesehen.

Es bleibt noch die Frage nach dem letzten Faktor λ. Dieser wurde nur deshalb eingeführt, um allgemein zu bleiben, weil die verschiedenen Steuerelektronik- und Softwarehersteller unterschiedliche Skalierungen verwenden. Um eine Kraft zu erzeugen, muss ein Drehzahlsollwert über eine Schnittstelle an den Brushless-Regler geschickt werden. Das geschieht digital, also auf der „Bits und Bytes-Ebene" und wird bei den Sys-

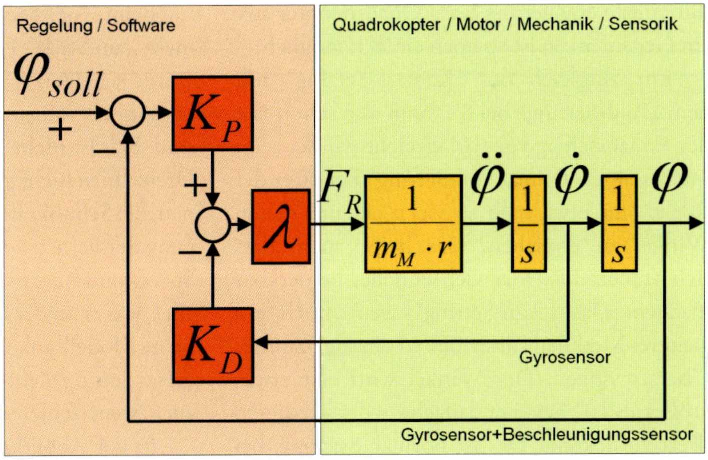

Abbildung 42: Regelung der Nick- und Roll-Achse, Blockschaltbild

temen so skaliert, wie es gerade passt. Es ist deshalb nicht verwunderlich, dass die Parameter K_P und K_D beim einen Hersteller um die 10, beim anderen um die 100 und beim nächsten um die 1.000 liegen.

Weiter werden teilweise auch unterschiedliche Namen für K_P und K_D verwendet. Bei einigen Systemen beispielsweise heißt K_P „Gyro-I" und K_D „Gyro-P". Dies soll aber nicht für Verwirrung sorgen.

4.2 Der Einfluss von K_P und K_D

Damit ist es jetzt möglich, genau zu beschreiben, wie unterschiedliche Werte von K_P und K_D auf das Verhalten des Quadrocopters wirken. Dies wird aber nicht „von Hand" durchgeführt, sondern mit einem Simulationsprogramm. Dort wird einfach das Blockschaltbild aus Abbildung 42 eingegeben und die Verläufe der Winkel können danach einfach dargestellt werden.

Die Simulationen sind für einen Standard-Quadrocopter ausgeführt. Die Daten sind: 60-g-Motoren, 2.400 g Maximalschub, 800 g Eigengewicht, 45 cm Achsabstand. Es wird immer angenommen, dass der Pilot zu Beginn ausgehend von der Schwebelage einen gewünschten Anstellwinkel φsoll von 10° mit der Fernsteuerung vorgibt.

Abbildung 43 zeigt einige Winkelverläufe für verschiedene Settings. Das „Kamera-Setting" zeigt ein sehr gutmütiges Verhalten. Der Winkel nähert sich dabei langsam an die 10° an. Macht der Pilot einen Steuerfehler wirkt sich dieser erst

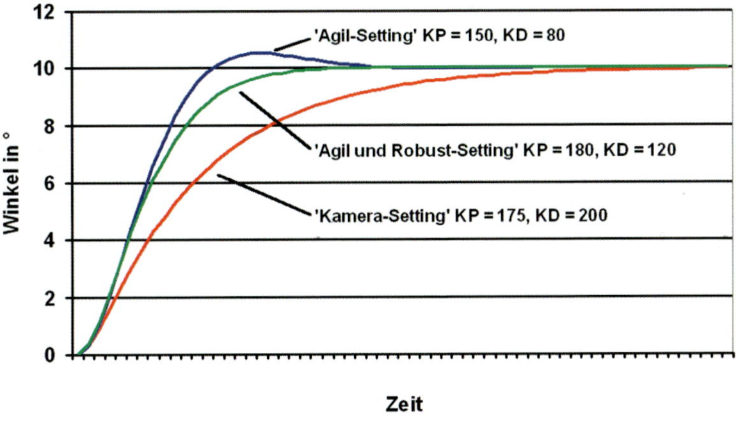

Abbildung 43: Das Einschwingen des Winkels φ für verschiedene Werte von K_P und K_D

mit einer Verzögerung beim Quadrocopter aus, ein Gegenlenken ist so noch einfach möglich.

Ein Vergleich des „Kamera-Setting" mit dem „Agil-Setting" bei 8°, wenn also schon fast der Endausschlag von 10° erreicht wurde, zeigt Interessantes. Beim „Agil-Setting" benötigt der Regler nur etwa halb so viel Zeit, um diesen Winkel zu erreichen. Das heißt auch, dass sich Steuerfehler hier viel schneller bemerkbar machen. Das „Agil-Setting" weist noch ein weiteres Merkmal auf: es besitzt ein sogenanntes Überschwingen. Der Winkel wird erst etwas größer als 10°, bevor er danach wieder auf diesen Wert zurückfällt. Das ist normal. Systeme, bei welchem die Regler auf „schnell" eingestellt sind, schießen immer erst etwas über das Ziel hinaus.

Diese Eigenschaften der Settings kann ein Pilot auch an seinem Fluggerät erfahren. Dazu lässt er es vor sich schweben und drückt den Rollhebel hin und her.

Beim „Kamera-Setting" kann dann beobachtet werden, dass der Quadrocopter nicht „am Hebel, am Stick hängt", dass er also dem gewünschten Winkel zeitlich immer etwas hinterher hinkt. Auch in der Grafik in Abbildung 43 ist das ersichtlich. Der zu Beginn des Diagramms vom Piloten gewünschte Winkel von 10° wird deutlich langsamer erreicht, als bei den anderen Settings. Das ist natürlich nichts für einen Kunst- und Speedflieger, aber für einen ruhigen und auf Sicherheit bedachten Kameraflug ideal.

Beim „Agil-Setting" hängt der Quadrocopter mehr „am Stick". Ein ideales „am Stick hängen" würde ja heißen, dass alle Bewegungen des Steuerknüppels sofort am Fluggerät zu beobachten sind. Das ist nicht möglich, da die Motoren die Drehzahlen nicht genügend schnell ändern können, die Schubkräfte begrenzt sind, die Übertragung der Fernsteuerung zu langsam ist, etc. Der Speed- und Kunstflugpilot hat so seine Freude, da alles, was er an der Fernsteuerung macht, schnell beim Modell ankommt, der Kameraflieger hat dieses Setting nicht so gern, da selbstverständlich auch Steuerfehler schnell ankommen.

In der Abbildung 43 wird noch ein drittes Setting, das „Agil- und Robust-Setting" dargestellt. Es ist ein Kompromiss zwischen den beiden anderen. Es ist einerseits fast so agil wie das „Agil-Setting", weist aber andererseits kein Überschwingen auf. Selbstverständlich hat der Autor auch dieses Setting auf seinem Quadrocopter getestet, dieser liegt damit so stabil „wie ein Brett in der Luft" und lässt sich trotzdem agil steuern wie ein Ferrari.

Hippelig und zappelig

Es sind aber nicht nur die Steuerfehler, welche sich beim einen Setting schneller, beim anderen langsamer bemerkbar machen. Genau gleich verhält es sich mit Störeinflüssen vom Wind oder Rauschsignalen von den Sensoren. Deshalb liegt ein „Kamera-Setting"- Quadrocopter auch im

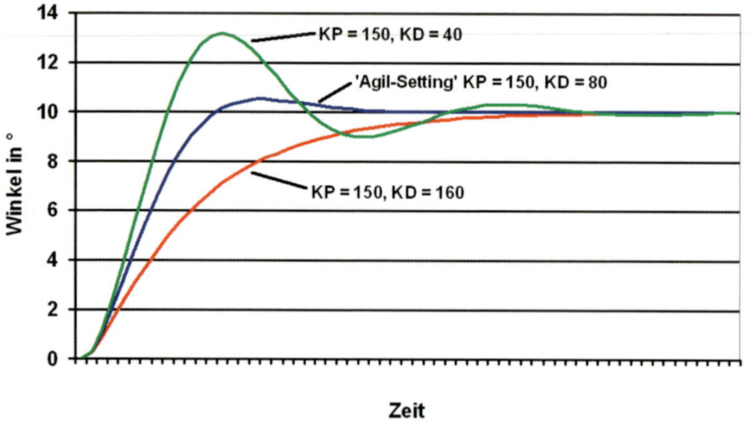

Abbildung 44: Das Einschwingen des Winkels φ für ein variierendes K_D

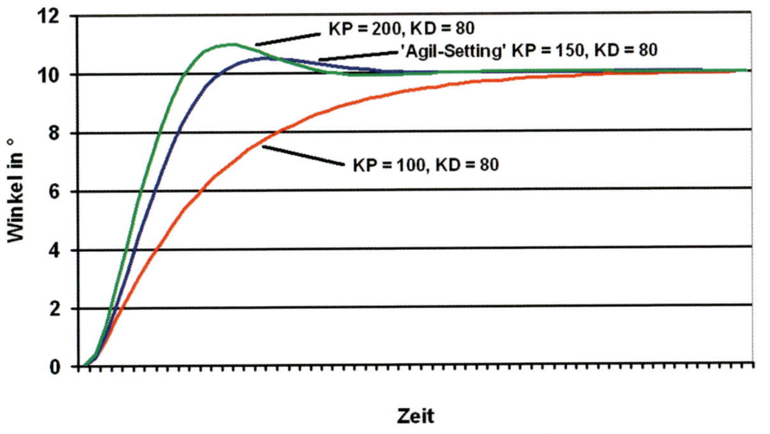

Abbildung 45: Das Einschwingen des Winkels φ für ein variierendes K_P

reinen Schwebeflug, ohne zusätzliche Steuerbefehle, ruhiger in der Luft. Auch das kommt dem Kamerapiloten entgegen. Beim Fotografieren die Kamera ruhig zu halten, ist ja schliesslich die wichtigste Maßnahme gegen verwackelte Bilder. Ein auf „agil" eingestelltes System verhält sich da viel „hippeliger und zappeliger". Es versucht sofort, einen Störeinfluss auszuregeln, und überschwingt zu allem Überfluss auch noch.

Verstellen von K_D bei gleich belassenem K_P

Wer schon einmal versucht hat, bei einem PD-Regler das K_P und K_D für ein gewünschtes Verhalten einzustellen hat gemerkt, dass das gar kein so einfaches Unterfangen ist. Es sind eben zwei Parameter, welche voneinander unabhängig sind und es gibt deshalb fast unendlich viele Möglichkeiten. Um die Einflüsse systematisch zu untersuchen, wird in den folgenden zwei Abbildungen 44 und 45 folgende Vorgehensweise verfolgt:

Es wird immer vom „Agil-Setting", blau dargestellt, ausgegangen. Danach wird ein Parameter gleich belassen und der andere verstellt.

Abbildung 44 zeigt eine Veränderung von K_D bei immer auf 150 belassenem K_P. Sehr schön sieht man, dass das Überschwingen bei einem zu kleinen K_D sehr groß wird, bei gleichzeitigem „noch-agiler"-Werden. Mit den Settings der grünen Kurve wäre der Quadrocopter eigentlich schon fast unfliegbar. Eine Vergrößerung des K_D hingegen macht das System gutmütiger.

Wird das K_D auf 80 belassen und das K_P verändert wie bei Abbildung 45 gezeigt, verhält sich das System für ein K_P von 200 noch etwas agiler und für kleinere K_P wieder gutmütiger.

Allgemein lassen sich folgende Beobachtungen machen:

Für kleinere Werte von K_P und größere Werte von K_D wird das System gutmütiger, langsamer und weniger störanfällig.

Für größere Werte von K_P und kleinere Werte von K_D wird das System agiler und reagiert schneller auf Störungen.

Ist K_D zu klein, wird das System schlechter gedämpft und neigt deshalb zum Überschwingen.

Vorgehensweise beim Einstellen der Regler

Wird der Quadrocopter mit den Motoren, Propellern, und Achsabstand wie vom Hersteller empfohlen gebaut, so müsste ein von diesem vorgeschlagenes gutmütiges „Beginner-Setting" einmal ein stabiles Schweben ermöglichen. Oftmals bieten die weiteren vorgeschlagenen Settings – „Sport", „Agil", „Advanced", „Expert", „Kamera", „Normal" und wie sie alle heißen – dann für die meisten Anwender genügend Spielraum und sie können einfach so übernommen werden. Schwebt ein Quadrocopter mit den vorgeschlagenen Komponenten und Settings nicht, sind meistens nicht die Parameter K_P und K_D schuld, sondern andere Dinge. In einem solchen Falle sei auf das Kapitel „Inbetriebnahme, Fehlerquellen und Erstflug“ verwiesen.

Interessant wird es, wenn andere Motoren, Propeller und Achsabstände eingesetzt werden.

Die Abbildungen 44 und 45 zeigen sehr schön, wie sich das Gesamtverhalten bei variierendem K_P und K_D verändert. In der Praxis hat der Modellbauer jedoch keine solchen Diagramme für „sein“ Fluggerät zur Hand. Er stellt die Parameter über die PC-Schnittstelle ein, startet die Motoren und kann nur visuell feststellen, ob es sich wie gewünscht verhält. Er muss die Parameter also „erfliegen“.

Dazu startet er am besten ebenfalls mit einem gutmütigen vorgeschlagenen „Beginner-Setting“. Schwebt der Quadrocopter, kann die Optimierung losgehen, je nach gewünschtem Verhalten:

Agiles Verhalten: K_D verkleinern, bis ein Überschwingen sichtbar wird, anschließend K_P vergrößern. Man sieht das Überschwingen daran, dass der Winkel zuerst weiter ausschlägt, als zum Schluss. Überschwingt das System bereits mit den Startparametern, dann K_D etwas vergrößern, anschließend K_P verkleinern.

Kamera Verhalten: K_D vergrößern bis der Quadrocopter sichtlich „nachhinkt“, also nicht mehr „am Stick klebt“. Danach K_P verkleinern.

Eine andere Vorgehensweise kann auch sein: von einem „Beginner-Setting“ ausgehend die Werte von K_P und K_D um den gleichen Faktor zu vergrößern bzw. zu verkleinern, um mehr „Agilität“ zu bewirken oder die Werte um den gleichen Faktor zu verkleinern bzw. zu vergrößern, um mehr „Gutmütigkeit“ zu bewirken.

4.3 Die Übertragungsfunktion

Um noch etwas mehr über den Einfluss der Parameter zu erfahren, und auch noch weitere Einstelltipps zu vermitteln, wird noch einmal ein auf den ersten Blick etwas theoretischeres, aber wie die anschließenden Beispiele zeigen, doch sehr praktisches Unterkapitel eingeführt. Aus dem Blockschaltbild in Abbildung 42 kann eine sogenannte Übertragungsfunktion, welche dem Verhältnis zwischen dem Anstellwinkel φ und dem gewünschten Winkel φsoll entspricht, berechnet

$$\frac{\varphi}{\varphi_{soll}} = \frac{K_P \cdot \frac{\lambda}{m_M \cdot r}}{s^2 + s \cdot K_D \cdot \frac{\lambda}{m_M \cdot r} + K_P \cdot \frac{\lambda}{m_M \cdot r}}$$

Abbildung 46: Übertragungsfunktion

Die „s“, welche im Nenner zu finden sind, erlauben es, auch dynamische Untersuchungen mithilfe dieser Übertragungsfunktion anzustellen. Der Faktor λ wurde in Kapitel 4.1 besprochen, m_M und r sind in Abbildung 40 zu finden. Für die Betrachtungen an dieser Stelle soll nur auf eine einzige, wichtige Begebenheit spezielles Augenmerk gerichtet werden: der zeitliche Verlauf des Anstellwinkels φ und damit das Verhalten des Quadrocopters bleibt exakt gleich, wenn alle Terme auf der rechten Seite der Gleichung ebenfalls gleich bleiben.

Es sei noch einmal das Beispiel des oben berechneten Quadrocopters: 60-g-Motoren, 2.400 g Maximalschub, 800 g Eigengewicht, 45 cm Achsabstand betrachtet. Für diesen wurde als „Agil-Setting“ ein K_P von 150 und ein K_D von 80 gefunden.

Möchte man jetzt baulich etwas verändern und neue Werte für K_P und K_D finden, sodass das Verhalten gleich bleibt wie vorher, so muss man einfach dafür sorgen, dass die beiden Terme $K_P \cdot \frac{\lambda}{m_M \cdot r}$ und $K_D \cdot \frac{\lambda}{m_M \cdot r}$ gleich bleiben.

1. Beispiel: *Der Achsabstand wird von 45 cm auf 60 cm erhöht. Sonst bleibt alles gleich. r ist bei beiden Termen im Nenner und verändert diese somit um 1/(60/45), also müssen K_P und K_D jeweils um 60/45 größer werden. Die neuen Werte sind $K_P = 150 \times 60/45 = 200$ und $K_D = 80 \times 60/45 = 107$.*

2. Beispiel: *Es werden kleinere 30-g-Motoren eingebaut. Somit verändert dies beide Terme um 1/(30/60). K_P und K_D müssten also auf die Hälfte* *reduziert werden. Zusätzlich bringen die beiden Motoren aber auch nur etwa die Hälfte an Schub. Das heißt, dass bei einer bestimmten Drehzahl nur etwa halb so viel Kraft vorhanden ist. Somit wird auch λ etwa halbiert. Das stimmt nur rudimentär, da der Zusammenhang zwischen Drehzahl und Schub nichtlinear ist. Das wird aber im Kapitel 6, „Auslegung von Motoren und Propellern", noch besprochen. Somit müssten* K_P *und* K_D *zur Kompensation wieder verdoppelt werden. Die neuen Werte sind* $K_P = 0{,}5 \times 2 \times 150 = 150$ *und* $K_D = 0{,}5 \times 2 \times 80 = 80$*. Die Werte können also unverändert belassen werden.*

Beispiel 2 ist auch der Grund, weshalb viele Piloten zwar unterschiedliche Motoren einbauen, aber bei ähnlichem Achsabstand von vielleicht 35 cm bis 45 cm trotzdem mit denselben Reglereinstellungen fliegen können und auch vergleichbare Eigenschaften vorfinden. Deshalb werden in verschiedenen Internet-Foren auch Parametereinstellungen verglichen und diskutiert, obwohl viele unterschiedliche Motoren und Propeller verwendet werden. Weil ein schwererer Motor auch mehr Schub bringt, ist der Einfluss auf die Reglerparameter K_P und K_D nur minimal.

4.4 Heading Hold

Bis jetzt wurde immer angenommen, dass ein Quadrocopter mindestens mit Gyros und Beschleunigungssensoren ausgestattet sein muss, damit ihn die Regler ausbalancieren können. Das muss an dieser Stelle etwas präzisiert werden.

Die ersten Quadrocopter beinhalteten noch keine Beschleunigungssensoren, sondern ausschliesslich Gyros. Es gibt ausserdem mehrere Systeme, welche auch heute noch so ausgestattet sind.

Das heißt, dass dann keine Regelung der absoluten Winkel stattfindet, sondern eine Regelung der Winkelgeschwindigkeiten. Dies geschieht in allen drei Winkelfreiheitsgraden, Nick, Roll und Gier.

Eine bestimmte Knüppelstellung auf der Fernsteuerung entspricht so einer gewünschten Winkelgeschwindigkeit. Die Mittelstellung entspricht Winkelgeschwindigkeit 0. Winkelgeschwindigkeit 0 heisst, dass der zu diesem Zeitpunkt erreichte Winkel abgesehen vom Sensordrift gehalten wird. Daher kommt auch der Name „Heading Hold", „Höhe halten" oder „Winkel halten".

Für Kunstflug- und Speedpiloten

Es wurde weiter oben bereits behandelt: je mehr Freiheitsgrade vom System selbst ausgeregelt werden, desto weniger bleibt dem Piloten überlassen und langweilt ihn deshalb. Da im Heading Hold-Modus noch weniger Freiheitsgrade, etwa die „halben" Winkelfreiheitsgrade geregelt werden, ist der Pilot stärker gefordert.

Viele sind deshalb dem Heading Hold-Modus bis heute treu geblieben, weil sie sagen, die Steuerung sei einfach herausfordender und der Flug prickelnder. Gerade bei den Kunstflug- und Speedpiloten ist das sehr oft der Fall.

Das Anstellen mit einer kurzen Nickbewegung lässt sich mit dem Anstellen des Höhenruders bei einem Modellflugzeug vergleichen. Wird der Hebel dort wieder auf die Neutrallage zurückgezogen, hält das Flugzeug so ebenfalls den Winkel. Wer ursprünglich Modellflugzeuge geflogen hat, wird zum Vorwärtsfliegen wahrscheinlich auch deshalb Heading-Hold bevorzugen.

Loopings

Loopings müssen zwingend im Heading-Hold-Modus geflogen werden, da die Nick- und Rollwinkel ja dann kurzfristig größer werden müssen als ein Maximalwert.

Einige Systeme können so konfiguriert werden, dass sie bei kräftigem Anzug des Nick- oder Rollhebels kurz in den Heading-Hold-Modus übergehen, bei anderen Systemen schaltet ein Kanal der Fernsteuerung um. Das Fliegen der Loopings setzt etwas Übung und vor allem erstmal genügend „Luft unter dem Propeller" voraus. Ein kräftiger Anzug des Nickhebels sollte von einer Gaswegnahme begleitet sein. Idealerweise ist die Drehzahl während des Überschlages sehr gering, da der Schub ja dann in Richtung Erde zeigt. Im oder allenfalls kurz nach dem Überschlag wird der Gashebel wieder angezogen und der Nickhebel ist dabei in Mittelstellung. So wird der Quadrocopter wieder sauber abgefangen. Erfahrene Loopingpiloten können mehrere Loopings hintereinander in Wohnzimmern fliegen.

Vergleich mit Hubschraubern

Hubschrauber haben in der Nick- und Roll-Achse passive Stabilisatoren, werden dort also nicht mit Giersensoren geregelt. Eine Stickbewegung wirkt auf die Taumelscheibe, er neigt sich mit wachsender Zeit immer stärker in Richtung des Sticks. Dieser wirkt also auch hier auf die Winkelgeschwindigkeit und nicht auf den Winkel.

Die Steuerung eines Hubschraubers lässt sich also am ehesten mit dem Heading-Hold-Modus des Quadrocopters vergleichen.

Oftmals hört man auch die Frage von Einsteigern, was denn jetzt schwieriger zu steuern sei. Es gibt viele sich teilweise widersprechende Aussagen zu diesem Thema, oftmals auch wegen persönlicher Erfahrungen. Aus technischer Sicht lässt sich jedoch sagen, dass sich ein Quadrocopter im Heading-Hold-Modus etwa ähnlich schwierig steuern lässt wie ein Hubschrauber. Ein Quadrocopter mit Gyros und Beschleunigungssensoren, bei welchem also der Winkel in Nick und Roll geregelt wird, ist eindeutig einfacher zu beherrschen.

Nimmt man an, dass es mit wachsender Anzahl geregelter Freiheitsgrade einfacher wird, ein Fluggerät zu steuern, dann gilt:

Hubschrauber, 3×„0,5“ Freiheitsgrade geregelt :schwierig

Quadrocopter in Heading Hold: 3×„0,5“ Freiheitsgrade geregelt: schwierig

Quadrocopter mit Standardkomponenten: 2+„0,5“ Freiheitsgrade geregelt: einfacher

Quadrocopter mit Standard- und Erweiterungskomponenten, voll ausgebaut: 6 Freiheitsgrade geregelt, „Luftnagel“: Pilot schaut zu

Es ist denn auch so, dass der Hubschrauberpilot einen Quadrocopter sofort beherrscht und sich nur darüber wundert, wie laufruhig dieser im Vergleich doch ist. Pitch-gesteuerte Systeme weisen wegen des zusammengeschraubten Rotors deutlich größere Probleme mit Unwucht auf als drehzahlgesteuerte Propeller, welche aus einem Stück gefertigt sind. Im umgekehrten Fall bekundet ein Quadrocopterpilot in der Regel mehr Mühe, einen Hubschrauber zu steuern.

Da sich beide Systeme jedoch mit den gleichen Funktionen steuern lassen, ist der Umstieg vom einen zum anderen trotzdem immer relativ einfach.

4.5 Erkenntnisse in Kurzform

Wie bei Kapitel 3 werden auch hier die wichtigsten Erkenntnisse in Kurzform dargestellt.

Die Parameter K_P und K_D sind die wichtigsten Parameter beim „Ausbalancieren“ der Nick- und Roll-Achse. Sie heissen nicht bei allen Herstellern gleich.

Für kleinere Werte von K_P und größere Werte von K_D wird das System gutmütiger, langsamer, weniger störanfällig, für größere Werte von K_P und kleinere Werte von K_D wird das System agiler und reagiert schneller auf Störungen.

Ist K_D zu klein, wird das System schlechter gedämpft und neigt deshalb zum Überschwingen.

Eine einfache Vorgehensweise zur Reglereinstellung ist: von einem voreingestellten gutmütigen Setting ausgehend die Werte von K_P und K_D um den gleichen Faktor zu vergrößern bzw. verkleinern um mehr „Agilität“ zu bewirken oder die Werte um den gleichen Faktor zu verkleinern bzw. vergrößern, um mehr „Gutmütigkeit“ zu bewirken.

Weil ein schwererer Motor auch mehr Schub bringt, ist der Einfluss der Motorgrösse auf die Reglerparameter K_P und K_D nur minimal.

Im Heading-Hold-Modus werden in allen Achsen nur die Winkelgeschwindigkeiten geregelt. Beschleunigungssensoren sind dann nicht nötig. Diese Art der Steuerung lässt sich am ehesten mit derjenigen eines Hubschraubers vergleichen.

5. GPS, Foto- und Filmflug

GPS, Global Positioning System, hat längst Einzug in den Alltag des Menschen gehalten. Elektronische Navigationssysteme sind heute in vielen Fahrzeugen Stand der Technik. Es gibt für den Anwender einfache technische Lösungen, welche ein GPS-Signal auf einem einzigen Chip bereitstellen. Schon bald, nachdem die ersten Quadrocopter zuverlässig fliegen konnten, wurden die Vorteile in der Kombination zwischen ihnen und dem GPS erkannt. Also wurde ihre Technik schon bald einmal mit ersten Steuerelektroniken erweitert, welche auch GPS-Empfänger beinhalteten. Die Kombination von beiden Technologien ermöglicht heute verschiedene Einsatzgebiete im Modellbau und in der Technik.

In der Praxis wird der Modellbauer am ehesten eine Kamera in die Luft befördern wollen. Für die Erstellung von Fotos und Filmen ist die Kombination mit GPS besonders interessant, da man damit den Quadrocopter an einem fast beliebigen Ort stabilisieren kann. So können dann Bilder aus fast jeder möglichen Perspektive erstellt werden. In einem anderen Fall hat der Pilot vielleicht weniger Interesse am Fotoflug, sondern einfach nur Spaß an den technischen Möglichkeiten und daran, dass sein Quadrocopter wie ein „Luftdübel" stehen bleiben oder vorprogrammierte Wegpunkte anfliegen kann. Es gibt jedoch heute und in der Zukunft auch viele andere denkbare und realisierbare Anwendungen. Einige von diesen werden am Ende des Kapitels zusammengetragen.

Es gibt verschiedene gute Gründe, weshalb die beiden Technologien GPS und Quadrocopter zusammen verwendet werden.

Einerseits ist es die Zeit ihrer Entwicklungsreife, welche sie verbindet. Die ersten ferngesteuerten Quadrocopter wurden in den 1990er Jahren gebaut. Es war jedoch erst die fortschreitende Miniaturisierung der Elektronik, der Mikrocontroller und die Entwicklung der Brushless-DC-Motoren, welche ihnen in den frühen 2000er Jahren zum Durchbruch verhalf. GPS kannte man zwar seit den siebziger Jahren des letzten Jahrhunderts. Es wurde jedoch erst im Jahre 2000 für die zivile Nutzung interessant, da dann die künstliche Verschlechterung der Satellitensignale abgeschaltet wurde. Jeder Empfänger war ab diesem Zeitpunkt in der Lage, seine Position auf der Erde auf besser als auf 10 m genau zu bestimmen. Davor war dies nur auf rund 100 m genau möglich gewesen.

Andererseits ist der Quadrocopter ein Fluggerät, welches mit einfachster Mechanik und etwas moderner Sensorik und Mikroprozessortechnik in der Lage ist, jeden beliebigen Punkt in der Luft anzufliegen. Es ist mit seiner Hilfe also möglich, nicht mehr nur einen Punkt auf dem Boden anzusteuern, sondern dies in der dritten Dimension zu realisieren. Während GPS den dreidimensionalen Sensor darstellt, ist der Quadrocopter also gewissermaßen der zu ihm passende dreidimensionale Aktor.

5.1 Grundlagen von GPS

GPS ist ein System von mehr als 24 Satelliten, welche die Erde zweimal innerhalb eines Tages umkreisen. Es wird zur Positionsbestimmung und für die Zeitmessung eingesetzt. In den 1970er Jahren wurde es für das US-Militär entwickelt und ist seit Mitte der 1980er Jahre im Einsatz.

Es basiert auf einer Laufzeitmessung von elektromagnetischen Wellen, welche zu genau definierten Zeitpunkten von den Satelliten ausgesendet werden. Die Empfänger können auf diese Weise die Distanzen zwischen sich und mehreren Satelliten messen, deren Standort bekannt ist. Dadurch können sie ihre eigenen Positionen berechnen. Einer der Vorteile für die militärische Nutzung ist, dass die Empfänger selbst keine Signale aussenden und ihre Position dadurch nicht verraten müssen.

Auch die zivile Nutzung war seit Mitte der 1980er Jahre vorgesehen. Um den militärischen Anwendungen jedoch einen Vorteil zu verschaffen, wurden die dafür verwendeten Signale bis zum Jahre 2000 künstlich verschlechtert. Der Begriff dafür war „Selective Availability, SA", was übersetzt etwa ausgewählte Verfügbarkeit heißt. Mit SA verschlechterte Signale ließen eine Genauigkeit der Positionsbestimmung von etwa 100 m zu, verglichen mit 10 m bei den militärischen Anwendungen. Heute erreichen sowohl zivile als auch militärische Anwendungen eine Genauigkeit, welche besser als 10 m ist.

C/A- und P- bzw. P/Y-Code

Für die zivile Nutzung wird der C/A-Code verwendet. Er steht für „Coarse Aquisition" oder grobe Positionsbestimmung. Der Code ist eine 1.023 Bit lange Folge. Sie ist bei jedem Navigationssatelliten unterschiedlich und der Empfänger kann sie jedem von diesen eindeutig zuordnen. Dieser Code beinhaltet Informationen bezüglich der aktuellen Position des Satelliten und der genauen Uhrzeit. „Selective Availability" wurde so realisiert, dass die Sendezeit mit einer geringen zeitlichen Schwankung versehen wurde. Da die Positionsbestimmung auf einer Laufzeitmessung basiert, hatte das somit zur Folge, dass sie etwas ungenauer wurde.

Der längere P-Code ist für militärische Anwendungen bestimmt. Er kann zusätzlich verschlüsselt werden und wird dann Y-Code oder P/Y-Code genannt. Um den P/Y-Code zu entschlüsseln, benötigt der Empfänger einen speziellen Zusatz. So wird sichergestellt, dass der gesendete Code nicht manipuliert werden kann.

Messprinzip

Abbildung 47 zeigt die Ausbreitung einer elektromagnetischen Welle. Wenn diese zum Zeitpunkt $t_0 = 0$ vom Satelliten ausgesendet wird, breitet sie sich im Idealfall kugelförmig und mit Lichtgeschwindigkeit aus. Nach der Zeit t_1 hat die Wellenfront eine Entfernung x_1 zum Satelliten. Etwas später, nach t_2 hat sie eine solche von x_2. Die Entfernung x berechnet sich allgemein mit

$$x = c \cdot t$$

c ist dabei die Lichtgeschwindigkeit, ungefähr 300.000 km/s.

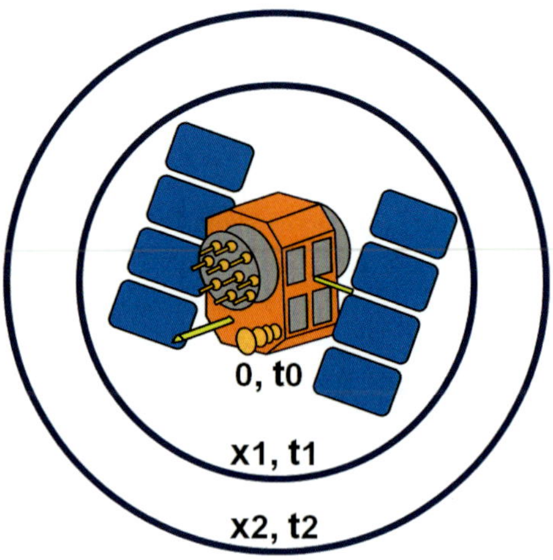

Abbildung 47: Ausbreitung einer elektromagnetischen Welle

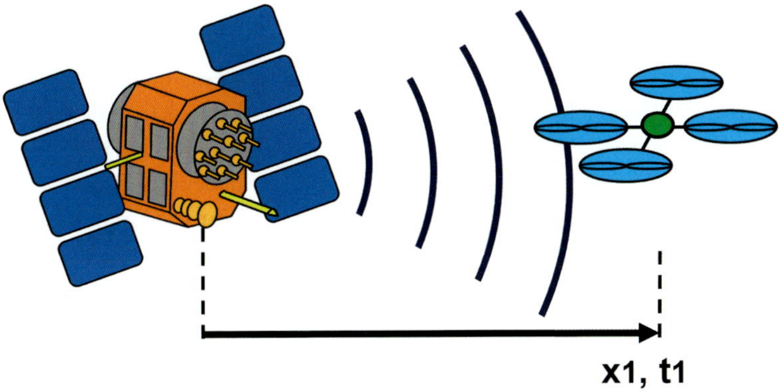

Abbildung 48: GPS-Satellit und Empfänger

***Beispiel 1:** Ein GPS-Satellit sendet zur Zeit $t_0 = 0$ ein Signal aus. Man berechne den Abstand der Wellenfront nach einer Tausendstelsekunde.*
$X = 300.000\,km/s \times 0{,}001\,s = 300\,km$. Nach einer Tausendstelsekunde legt die Welle also 300 km zurück.

Abbildung 48 zeigt einen GPS-Satelliten und ein Empfangsgerät. Dieses könnte beispielsweise ein Navigationsgerät in einem Auto, ein Smartphone oder wie im Bild dargestellt ein Quadrocopter mit GPS-Empfänger sein. Der Empfänger weiß, zu welchen Zeitpunkten der Satellit jeweils Signale aussendet. Wenn also beide Systeme dieselbe Zeitbasis benutzen, kann der Empfänger die Verzögerungszeit t_1 messen, welche vergeht, bis dieses bei ihm angekommen ist und so den Abstand x_1 zum Satelliten bestimmen.

In Abbildung 49 sind die Abstände zu drei Satelliten dargestellt. Man stelle sich vor, dass man den Empfänger über drei Fäden an ihnen aufhängt. Die Abstände würden dabei der Fadenlänge entsprechen. So gäbe es nur eine einzige Empfängerposition, bei welcher alle drei Fäden straff gespannt wären. Genau genommen könnte man den Empfänger mit den Fäden auch auf die andere Seite der Satelliten ziehen und bekäme dann eine zweite mögliche Position. Diese wäre jedoch in der Wirklichkeit weit im Weltraum draussen und würde deshalb aufgrund von Plausibilitätsüberlegungen ausscheiden.

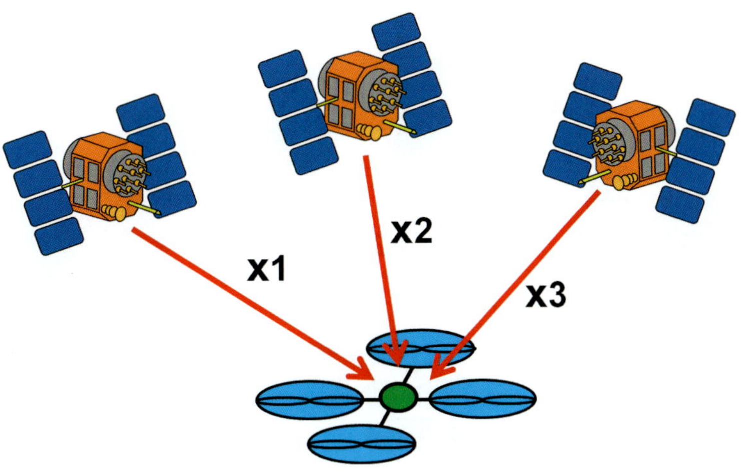

Abbildung 49: Drei GPS-Satelliten und Empfänger

Atomuhr

Wie Beispiel 1 zeigt, breitet sich eine elektromagnetische Welle in sehr kurzer Zeit sehr weit aus, eben mit Lichtgeschwindigkeit. Die oben dargestellte Art der Positionsmessung funktioniert deshalb nur dann genau, wenn alle beteiligten Geräte über dieselbe genaue Zeitbasis verfügen. Bei Atomen geben die Elektronen eine Strahlungsfrequenz mit sehr hoher Reproduzierbarkeit ab, wenn sie ihre Energiezustände wechseln. Die Strahlungsfrequenz wird deshalb als Taktgeber für Atomuhren verwendet. Geeignet sind dafür Cäsium- oder Rubidium-Atome. In den Satelliten sind immer gleich mehrere Uhren untergebracht. Es ist jeweils nur eine davon im Einsatz. Bei einem Defekt kann der Satellit jedoch einfach auf eine andere Uhr umgeschaltet werden und weitersenden.

Eine genaue Zeitbasis wäre selbstverständlich auch im Empfänger nötig, da dieser für die Laufzeitmessung des Signals Kenntnis über den exakten Sendezeitpunkt haben muss. Atomuhren sind jedoch aufwändig und teuer in der Herstellung. Deshalb musste man nach anderen Lösungen suchen, welche ohne solche genauen Uhren im Empfänger auskommen können.

Stellt man sich bei Abbildung 50 mit vier GPS-Satelliten wieder den dieses Mal an vier Fäden mit den beliebigen Längen x_1 bis x_4 aufgehängten Empfänger vor, dann wird bei drei straffen Fäden der letzte entweder durchhängen oder reißen. Erst wenn alle vier Fäden um den jeweils gleichen Betrag verlängert oder verkürzt werden, wird sich eine Konstellation ergeben, bei welcher alle vier Fäden straff gespannt sind. Das gleichmäßige Verlängern oder Verkürzen ist dabei nichts anderes, als die interne (ungenaue) Uhr des Empfängers etwas vor- oder zurückzustellen. Der Weg, beziehungsweise die Verlängerung der Fäden, ist ja in der Wirklichkeit über die Beziehung $x = c \times t$ mit der Zeit verknüpft. Somit ergibt sich folgender Merksatz:

Drei Satelliten genügen wegen der ungenauen Zeitbasis des Empfängers nicht zur Positionsbestimmung. Um diese abzugleichen, werden deshalb immer mindestens vier Satelliten benötigt.

Jeder Satellit sendet auch seine aktuelle Position aus. Die vier Satelliten erlauben so eine Positionsbestimmung im dreidimensionalen Raum. Es wird also neben der Position auf der Erde auch die Höhe (auf 10 m genau) gemessen. Der vierte Satellit macht dies aus obengenanntem Grund erst möglich, er liefert dafür aber zusätzlich auch noch die genaue Zeit. Sie gilt auch als vierte Dimension. Aus diesem Grund kann jeder GPS-Empfänger auf die exakte Zeit zurückgreifen. Sobald also genügend Satelliten sichtbar sind, hat er eigentlich so etwas Ähnliches wie eine virtuelle Atomuhr eingebaut.

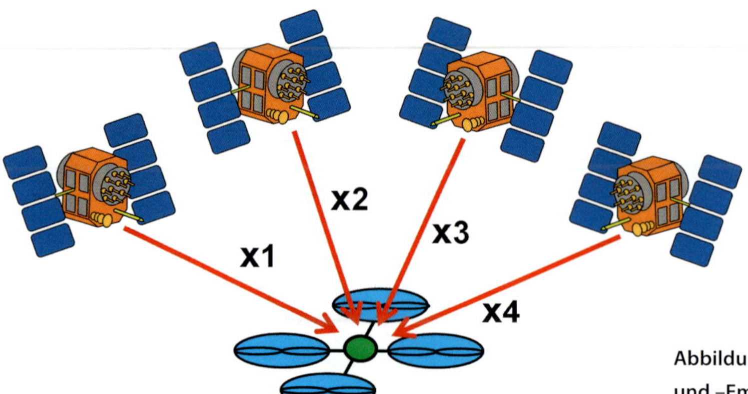

Abbildung 50: Vier GPS-Satelliten und –Empfänger

Anzahl der Satelliten

Damit die Laufzeitmessung funktionieren kann, dürfen die Satellitensignale nicht an der Erdoberfläche reflektiert werden, bevor sie zum Empfänger gelangen. In diesem Fall wäre der zurückgelegte Weg der Wellen größer als die tatsächliche Distanz. Aus diesem Grunde gibt es zwischen Häuserzeilen oder in der Nähe von hohen Gebirgen manchmal Fehlmessungen.

Um zu gewährleisten, dass immer mindestens vier Satelliten im Sinne des direkten Signalempfangs sichtbar sind, besteht das voll ausgebaute GPS-System aus mindestens 24 Satelliten. Sie umkreisen die Erde auf sechs je um 60° zueinander verdrehten Bahnen. Tatsächlich sind auf diesen Bahnen sogar über 30 Satelliten aktiv. Ein Ausfall eines einzelnen kann also die Funktion nicht gefährden. Auf diese Weise befinden sich meistens nicht nur vier, sondern gleich sechs bis zehn Satelliten gleichzeitig oberhalb des Abschaltwinkels, des Winkels also, oberhalb vom welchem die Signale ohne Reflexion empfangen werden können.

Je mehr Satelliten sichtbar sind, desto genauer kann der Empfänger die Position bestimmen. Sind nämlich mehr als vier Satelliten sichtbar und macht man wieder das Gedankenexperiment mit der Schnur, so wird man nicht alle Fäden mit einer gleichmäßigen Verlängerung oder Verkürzung straff spannen können, da es immer leichte Positionsfehler oder Laufzeitverfälschungen gibt. Hier macht der Empfänger eine sogenannte Ausgleichsrechnung. Seine Algorithmen finden das Optimum mit bildlich gesprochen möglichst vielen straffen Fäden. Eine verlässliche Positionsbestimmung wird in der Praxis also jeweils mit etwa sechs bis acht gleichzeitig sichtbaren Satelliten durchgeführt.

Abbildung 51 zeigt eine erweiterte Darstellung der sichtbaren Satelliten und der jeweils empfangenen Signalstärke. Da alle ein eindeutig identifizierbares Signal aussenden, welches auch die Position beinhaltet, kann das Navigationsgerät eine Karte erstellen, wo sie sich befinden. Auch die Intensität der von jedem der Satelliten empfangenen Signale kann gemessen werden. Diejenigen Satelliten, welche sich direkt oberhalb des Empfängers befinden, welche also in der Mitte aller Himmelsrichtungen sind, sind am wenigsten weit entfernt. Deshalb werden sie mit der größten Signalstärke empfangen. Je weiter weg sie sich von der Mitte befinden, desto schwächer sind auch die Signale. Die Empfängersoftware entscheidet dann aufgrund der Qualität und In-

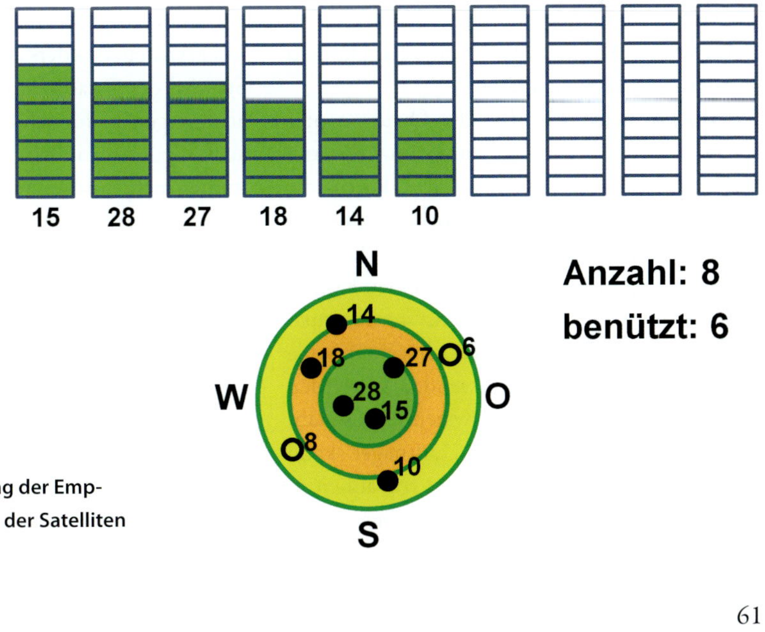

Abbildung 51: Darstellung der Empfangsstärke und Position der Satelliten

tensität dieser Signale, ob die gesendeten Daten der sichtbaren Satelliten in die Positionsberechnung einfließen oder nicht.

GPS für Indoor

Grundsätzlich können elektromagnetische Wellen auch in ein Gebäude hinein übertragen werden. Schließlich funktioniert jedes Radio mit ausziehbarer Antenne so. Wegen der geringen Sendeleistung der GPS-Signale ist aber meistens eine direkte Sichtverbindung nötig. Dies ist auch deshalb sinnvoll, weil die Signale innerhalb der Gebäude reflektiert werden und so die Positionsmessung verfälschen. Eine genaue Indoor-Messung ist aufgrund der Reflexionen also nicht möglich. Trotzdem könnte man mit den heutigen Empfängertechnologien auch die sehr kleinen Signale grundsätzlich orten und auswerten.

5.2 GPS in Quadrocoptern

GPS gibt die Weltkoordinaten in Längen- und Breitengrad an und ermöglicht dem Quadrocopter so eine Regelung in der X- und Y-Achse (X- und Y-Freiheitsgrad).

Kapitel 2 wurde soweit ausgeführt, dass der Quadrocopter mit Gyro- und Beschleunigungssensor sowie Kompass und Luftdrucksensor in allen drei Raumwinkeln und der Höhe (Z) geregelt werden konnte. Das ist eine Regelung in vier der sechs Freiheitsgrade.

Möchte man jetzt, dass der Quadrocopter autonom einen beliebigen Punkt im Luftraum anfliegen kann, benötigt man das GPS für die beiden weiteren Freiheitsgrade. In der Praxis entsprechen diese beiden Koordinaten dem Längen- und Breitengrad. Um mit dem für einen Körper im Raum geltenden Koordinatensystem kompatibel zu bleiben, werden hier jedoch weiterhin die Bezeichnungen X und Y verwendet. So werden alle sechs Freiheitsgrade des Systems selbstständig geregelt. Es wird dann zum „Luftnagel“, kann also beispielsweise ohne Kontrolle von außen an einem Ort stehen bleiben. Weiter oben wurde beschrieben, dass GPS neben den Koordinaten für X und Y ja auch die Höhe (Z) bereitstellt. Auf den ersten Blick erscheint es also, wie wenn es hier eine Doppelspurigkeit zwischen GPS und dem Luftdrucksensor gäbe. In der Realität ist die Genauigkeit des GPS von 10 Metern nicht gut genug für eine zuverlässige Höhenregelung. Andererseits hat der Luftdrucksensor ja die Eigenschaft, dass er je nach Wetterverhältnissen mit Hoch- oder Tiefdruckgebieten immer wieder neu geeicht werden muss. Somit ist es ähnlich wie bei der Winkelbestimmung mittels einer Kombination aus Gyro und Beschleunigungssensor auch bei der Höhenmessung wieder die Kombination der guten Eigenschaften von GPS und Luftdrucksensor, welche ein gutes Resultat erzielt. Oftmals werden die groben Höhenbewegungen also mit GPS berechnet, und der Feinabgleich und die Regelung werden mit dem immer nötigen Luftdrucksensor realisiert.

An dieser Stelle sei darauf hingewiesen, dass ein so betriebenes System, welches in allen Freiheitsgraden geregelt wird, nicht mehr ein reines Modellfluggerät im üblichen Sinne ist. Dort ist es ja gerade Teil der Sache, dass man dieses mit der Fernsteuerung in verschiedene Richtungen steuern kann. Ein in allen sechs Freiheitsgraden geregeltes System nimmt dem Benutzer jedoch alle Steueraufgaben ab, er muss die Knüppel seines Fernsteuersenders also nicht mehr bewegen. So wird der Quadrocopter zur Drohne. Es gibt auch wegen der fortschreitenden Verbreitung der auf Chipgrösse miniaturisierten GPS-Empfänger immer mehr solche unbemannten und autonomen Systeme im Luftraum. So erlassen viele Landesregierungen Richtlinien zu deren Einsatz. Das ist auch nötig, denn diese Quadrocopter stellen auch ein Sicherheitsrisiko dar. Als Mindestanforderung muss der Benutzer sicher gewährleisten können, dass er jederzeit wieder die volle Kontrolle per Fernsteuerung übernehmen kann.

Die Gesetzgebung wird hier laufend angepasst. Die Technik der GPS-gesteuerten Quadrocopter ist zu Beginn des 21. Jahrhunderts eben noch jung. Was vor wenigen Jahren noch als unvorstellbar galt, ist heute bereits technischer Standard. Somit werden von vielen Landesregierungen laufend weitere Paragrafen erlassen, sei es, dass immer Sichtkontakt zwischen Benutzer und Drohne hergestellt sein muss, oder dass sich der Pilot mindestens registrieren lassen muss. Es ist ob der Vielzahl der käuflichen Drohnen und der teilweise kontroversen Diskussionen von Politik und Gesellschaft durchaus möglich, dass diese Art der Steuerung für Privatpersonen irgendwann einmal gänzlich verboten oder nur unter strengen Auflagen zugelassen wird. Es ist jedoch schon aus der heutigen Sicht sicher, dass die Gesetzgebungen in der Zukunft eher Verschärfungen als Lockerungen erfahren werden, wenn es um den Bau und Betrieb von Drohnen geht.

Im weiteren Verlauf dieses Kapitels wird nur auf die Technik des mit GPS-gesteuerten Quadrocopters eingegangen. Es ist jedoch Sache jedes Quadrocopter-Piloten, sich mit den aktuellen und sich ständig ändernden Gesetzen vertraut zu machen und diese einzuhalten.

Technik

Die Kleinstgeräte mit GPS boomen im ersten Viertel des 21. Jahrhunderts und fast jeder ist heute wohl Besitzer eines GPS-Empfängers in irgendeiner Form. Dies wurde erst durch die fortschreitende Miniaturisierung der Chiptechnologie möglich. Die Empfänger finden heute auf einem einzigen Chip Platz. Somit war der Schritt zur Lösung für einen Quadrocopter auch einfach zu vollziehen. Abbildung 52 zeigt eine solche Lösung. Es ist das Empfangsmodul eines Quadrocopters. Grundsätzlich ist auf der Platine nicht mehr als das GPS-Empfangsmodul ersichtlich. Es ist ein hochintegriertes elektronisches Bauelement.

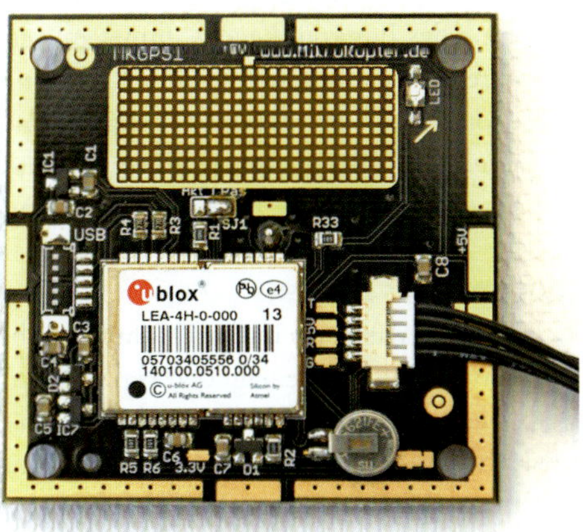

Abbildung 52: GPS-Empfänger auf einem Chip

Abbildung 53 zeigt in der Mitte eine zum Empfänger gehörende GPS-Antenne, welche schon auf einem Quadrocopter montiert ist. Sie wird als sogenannte Patch-Antenne ausgeführt. Diese Antennenart weist eine starke Richtwirkung auf der Plattenoberseite auf. Sie kann also Signale aus dieser Richtung sehr gut verstärken. Typischerweise besteht sie aus einer Platte mit der Länge der halben Wellenlänge. Darunter befindet sich ein Dielektrikum, also eine nicht-leitende Schicht. Dann folgt noch einmal eine weitere leitende Schicht. Diese wirkt als Reflektor nach oben und schirmt nach unten ab. In dieser Montageart werden also alle elektromagnetischen Wellen optimal verstärkt, welche von oben kommen. Genau das ist im Flug auch die Richtung, aus welcher die von den Satelliten ausgestrahlten Signale kommen.

Grundprinzip des Punktanfliegens

Das Anfliegen eines Punktes im Raum ist eine dreidimensionale Problemstellung. Der Einfachheit halber wird sie jedoch nur in einer Dimension beschrieben. Möchte ein Quadrocopter einen Punkt im Raum anfliegen, welcher sich in einer horizontalen Linie von ihm weg befindet, so ist es nötig, dass er sich mit einem Anstellwinkel φ querstellt. Abbildung 54 zeigt die Kräfteverhältnisse eines Quadrocopters ohne und mit Anstellwinkel, so wie es bereits in Kapitel 3 besprochen wurde.

Die Kraft F ist dabei wieder die Schubkraft, welche durch einen Propeller hervorgerufen wird. Sie kann nur senkrecht zur Quadrocopterlage

Abbildung 53: Auf einen Quadrocopter montierte Patch-Antenne eines GPS-Empfängers

wirken, da sich die Propeller mit dem Quadrocopter mitdrehen. Insgesamt wirkt 4×F, da es vier Propeller sind. Im Bild links ist der stabile Schwebezustand dargestellt. Die Kräfte sind hier im Gleichgewicht, es gilt also 4×F = m×g. Die gesamte Schubkraft wirkt hier auch als Tragkraft 4×F_T. Es geht aus der Darstellung ebenfalls hervor, dass sonst keine weiteren Kräfte mehr wirken. Es ist also wie oben erwähnt keine horizontale Bewegung möglich.

Rechts im Bild wurde der Quadrocopter um den Winkel φ angestellt. Die Schubkraft kann jetzt in eine horizontale und eine vertikale Komponente unterteilt werden. Man kann sich das auch leicht so vorstellen, dass anstelle von der Schubkraft F jetzt eine Driftkraft F_D und eine Tragkraft F_T wirken. Die Driftkraft bewirkt jetzt, dass sich das System nach rechts bewegt.

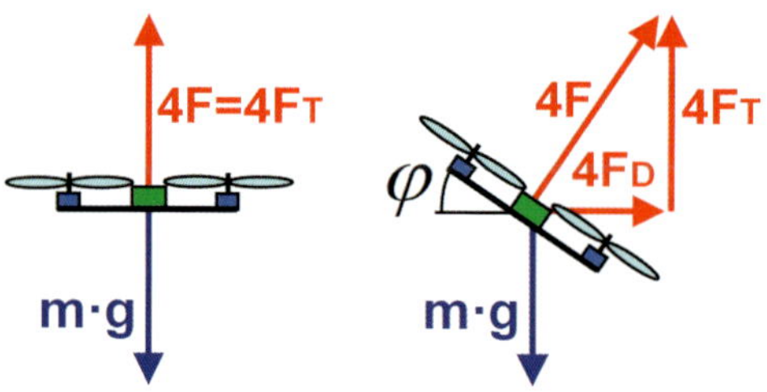

Abbildung 54: links: stabiler Schwebezustand, rechts: Drift nach rechts mit Anstellwinkel

Aus dieser Darstellung geht auch wieder eine weitere Eigenschaft des um einen Winkel φ angestellten Quadrocopters hervor. Man betrachte dazu das rechtwinklige Dreieck, welches durch F, F_D und F_T aufgespannt wird, wie das schon in Kapitel 3 besprochen wurde. F ist dabei immer die Hypotenuse, also die längste der Seiten. Wenn ein Quadrocopter also angestellt wird, dann wirkt nur die kleinere Tragkraft F_T der Gewichtskraft m×g entgegen. Ein driftender Quadrocopter verliert also immer an Höhe, wenn die Gasstellung nicht entsprechend vergrössert wird.

Bei vielen Systemen geht daher eine GPS-Regelung des Punktanfliegens immer mit einer Höhenregelung über den Luftdrucksensor einher. Diese sorgt dafür, dass die Gasstellung und damit die Schubkraft F bei stärkerer Drift entsprechend vergrössert wird, um die Flughöhe zu halten.

Dynamik des Driftens

Wie sich das dann in der Dynamik verhält, zeigt Abbildung 55. Sie zeigt den Verlauf des Anstellwinkels. Zum Zeitpunkt t_1 befindet sich der Quadrocopter in einer stabilen Schwebeposition. Zu einem späteren Zeitpunkt t_2 befindet er sich ebenfalls wieder in einer stabilen Schwebeposition, welche jedoch örtlich weiter rechts liegt.

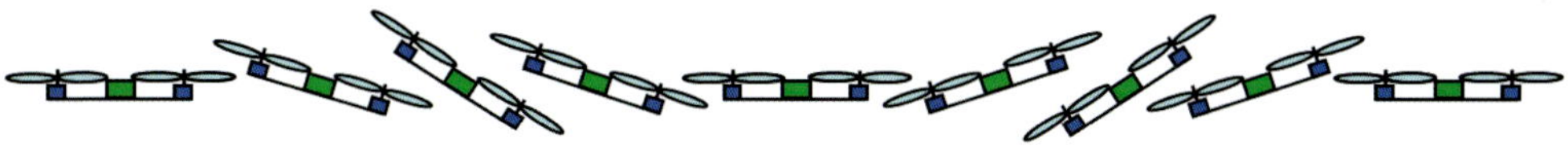

Abbildung 55: Dynamik des Driftens

Dazu wird der Anstellwinkel zuerst vergrössert. Dies wird mit einer Regelung erreicht, welche den Winkel mit der Kombination mit Gyro- und Beschleunigungssensor beziehungsweise mit der IMU misst, wie es in den Kapiteln 2 und 4 beschrieben wurde. Zu einem bestimmten Zeitpunkt ist dann der maximal mögliche Winkel erreicht und der Quadrocopter driftet mit der maximalen Driftkraft F_D. Um bei B wieder eine stabile Schwebeposition zu erreichen, wird der Anstellwinkel anschliessend wieder verkleinert. Das allein genügt aber noch nicht. In der Mitte des Bildes sind der Anstellwinkel und damit auch die Driftkraft wieder Null. Da jedoch vorher immer eine Driftkraft in dieselbe Richtung gewirkt hat, ist die Geschwindigkeit dann nicht Null und der Quadrocopter driftet weiter.

Etwas Physik soll hier weiterhelfen. Es gilt ja „Kraft = Masse×Beschleunigung" oder „Beschleunigung = Kraft/Masse". Weiter gilt auch „Geschwindigkeit = Beschleunigung×Zeit" oder eben eingesetzt auch „Geschwindigkeit = Kraft/Masse×Zeit". Streng genommen gilt das nur für konstante Größen, was hier eigentlich nicht der Fall ist, da die Kraft sich ja mit dem Anstellwinkel ändert. Es ist jedoch eine Tatsache, dass die Kraft, auch wenn sie sich geändert hat, immer in dieselbe Richtung gewirkt hat. Deshalb muss noch einmal eine Gegenbewegung ausgeführt werden. Der Anstellwinkel muss also noch einmal auf die andere Seite ausschlagen, damit eine Kraft in die andere Richtung wirken kann und den Quadrocopter wieder abbremst, die Geschwindigkeit also zu Null macht. Für diese Überlegung wurde der Luftwiderstand vernachlässigt. In der Praxis bremst dieser den driftenden Quadrocopter ebenfalls ab und die Gegenbewegung ist somit immer kleiner oder nicht so lange wie im Bild dargestellt. Es versteht sich von selbst, dass die Dynamik des Driftens eine ziemlich komplizierte Angelegenheit darstellt. Es wird eine Regelung benötigt, welche diese Arbeit erledigt.

Dieser Vorgang kann nur dann genauer untersucht werden, wenn die ganze Sache von der Seite der Physik her betrachtet wird. In der Folge soll deshalb im Zusammenhang mit der GPS-Regelung des Punktanfliegens noch einmal ein physikalisches Modell erstellt werden.

Physikalisches Modell

Abbildung 56 zeigt noch einmal das vergrößerte Kräftedreieck des mit dem Winkel φ angestellten Quadrocopters. Es soll jetzt etwas genauer unter die Lupe genommen werden.

Der Anstellwinkel φ kann noch einmal zwischen F und F_T gefunden werden. Die Trigonometrie beschreibt dann die Längenverhältnisse im rechtwinkligen Dreieck zu

$$\frac{4 \cdot F_D}{4 \cdot F} = \sin\varphi \qquad \text{oder} \qquad F_D = F \cdot \sin\varphi$$

Der Faktor 4 kürzt sich dabei weg. Für kleine Winkel verhält sich die Sinusfunktion nahezu linear und es gilt dann auch ungefähr

$\sin\varphi \approx \varphi$ oder eingesetzt $F_D \approx F \cdot \varphi$

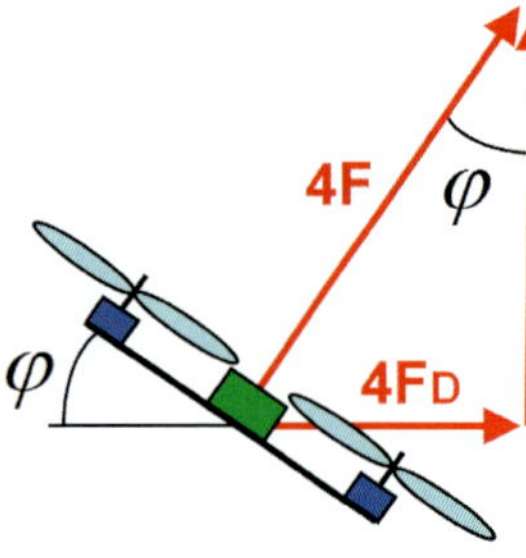

Abbildung 56: Kräftedreieck bei angestelltem Quadrocopter

Dass der sin φ für kleine Winkel etwa gleich φ ist, kann man leicht mit dem Taschenrechner überprüfen, wenn man ihn dazu auf RAD stellt.

Zusammen mit der schon weiter oben verwendeten Formel „Kraft = Masse×Beschleunigung", kann man jetzt schon ein einfaches physikalisches Modell herleiten. Die Kraft, welche in der Horizontalachse wirkt, ist F_D und die Masse ist diejenige des Quadrocopters, m. Die Beschleunigung ist dann a. Es gilt also:

$$F \cdot \varphi \approx F_D = m \cdot a$$

oder aufgelöst nach a:

$$a \approx \varphi \cdot \frac{F}{m}$$

Die Beschleunigung a ist also ungefähr proportional zum Anstellwinkel φ.

Aus der Physik ist bekannt, dass die Beschleunigung a nach der Zeit integriert die Geschwindigkeit v ergibt. Wird die Geschwindigkeit v ihrerseits nach der Zeit integriert, so ergibt sich der zurückgelegte Weg x. Auch hier wird der Luftwiderstand vernachlässigt und es wird angenommen, dass der Anstellwinkel φ klein ist.

Verlauf des Winkels φ, der Beschleunigung a, der Geschwindigkeit v und des Weges x

Mit diesem kleinen Ausflug in die Physik kann nun auch die Abbildung 55 besser verstanden werden. Deshalb zeigt Abbildung 57 noch einmal diese Skizzen. Dieses Mal werden sie jedoch mit dem Anstellwinkel φ ergänzt.

Wie ersichtlich wird der Anstellwinkel dabei zuerst größer, dann wieder kleiner, um in der Mitte des Bildes zu Null zu werden. Bei der Ge-

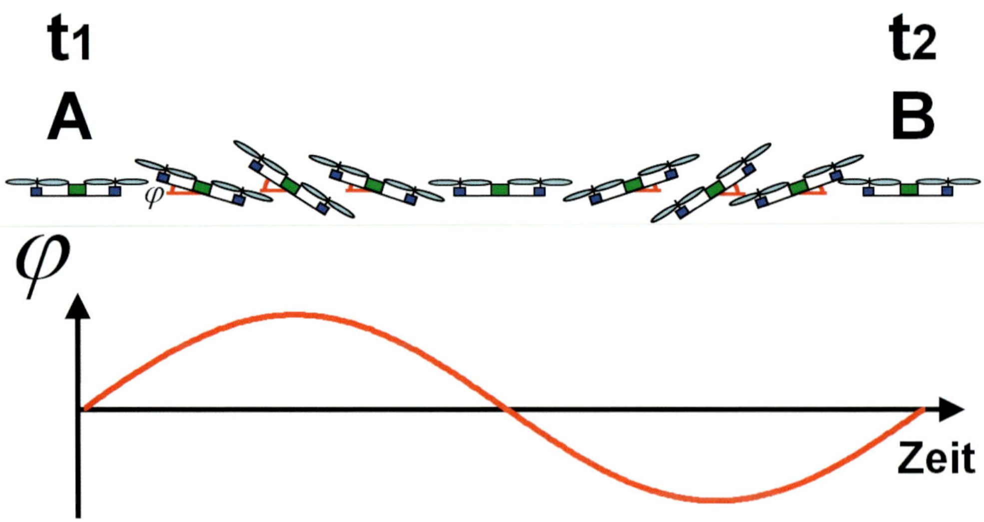

Abbildung 57: Veränderung des Anstellwinkels über die Zeit

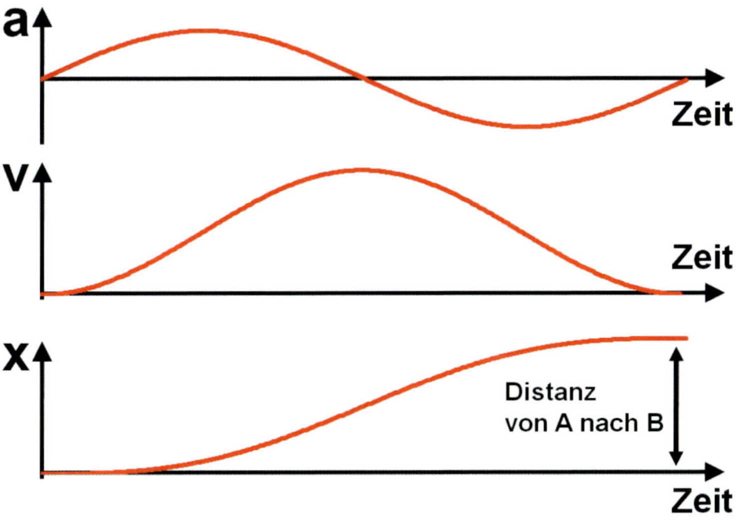

Abbildung 58: Beschleunigung a, Geschwindigkeit v und Weg x

genbewegung schlägt der Winkel auf die andere Seite aus. Das wird mit einem negativen Winkel dargestellt.

Wirkt dieser Verlauf des Anstellwinkels auf den Quadrocopter, so ergeben sich auch die Verläufe der Größen von Abbildung 58. Die Beschleunigung a berechnet sich ja wie oben beschrieben zu $a = \varphi \times F/m$. F muss zwar zum Driften leicht größer werden, um die Höhe zu halten, aber dieser Effekt ist vernachlässigbar. Somit ist a etwa proportional zu φ. Die Geschwindigkeit v und der Weg x sind dann jeweils die nach der Zeit integrierten Signale. Wie beschrieben, resultiert am Ende eine Wegdifferenz von A nach B.

Regelung

In Kapitel 4 wurde beschrieben, dass ein PD-Regler mit den Parametern K_P und K_D benötigt wird, damit der Anstellwinkel φ einem vorgegebenen Winkel folgt. Wird der Quadrocopter ohne GPS betrieben, so gibt der Pilot diesen Winkel einfach mit der Knüppelstellung für Nick bzw. in der anderen Achse für Roll vor. Wird das GPS eingeschaltet, so übernimmt eine Regelung die Aufgabe, die Anstellwinkel φ für die beiden Achsen zu bestimmen. Man kann das auch mit einem Autopiloten bei einem „richtigen" Flugzeug vergleichen. Der Pilot gibt bei ausgeschaltetem Autopiloten direkt mit seinem Steuerknüppel die Ruderstellungen der Leitwerke vor. Ein eingeschalteter Autopilot nimmt ihm diese Aufgabe ab und steuert die Ruder selbstständig an. Wie dort kann der Quadrocopter Pilot auch hier bei eingeschaltetem GPS die Hände von seinem Steuerknüppel nehmen und nur im Notfall durch das Ausschalten der Regelung wieder die volle Kontrolle über das System übernehmen.

Die Winkelregelung aus Kapitel 4 ist dabei vollständig in das neue System eingebettet und ein zentraler Bestandteil von diesem. Neu wird aber nicht mehr ein gewünschter Anstellwinkel vorgegeben, sondern ein Wert X_{soll}. X_{soll} steht für einen beliebigen Punkt im Raum. Selbstverständlich existiert dieselbe Regelung auch in Y-Richtung. Für diese Überlegungen wird angenommen, dass die Nick- und die Roll-Achse jeweils gerade in die vom GPS bereitgestellte X- und Y-Richtung wirken.

Damit das immer gewährleistet ist, muss also unbedingt auch der Kompass eingeschaltet sein und damit auch die Regelung des Gier-Winkels. Das führt auf folgende Merksätze:

Eine GPS- Regelung funktioniert nur dann zuverlässig, wenn sowohl die Regelung des Gier-Winkels über den Kompass als auch die Höhenregelung über den Luftdrucksensor eingeschaltet ist.

Die Regelung des Gier-Winkels ist deshalb wichtig, weil der GPS-Regler für X und Y die Winkel der jeweils richtigen Achse (Nick und Roll) vorgeben muss. Die Höhenregelung gleicht beim Driften die Schubkraft aus, damit der Quadrocopter keine Höhe verliert.

Es ist in der Praxis auch denkbar, dass die Nick- und Roll-Achse zum GPS X und Y verdreht steht. Auch dann kann der GPS-Regler über eine sogenannte Koordinatentransformation die richtigen Winkel vorgeben. Wichtig ist jedoch, dass der Winkel immer bekannt ist, mit welchem die Nick- und Roll-Achsen zu der X- und Y-Achse verdreht ist, um diese Koordinatentransformation korrekt durchführen zu können.

Windeinfluss

Der Einfluss des in der Praxis fast in jedem Fall vorhandenen Windes muss im Driftmodell des Quadrocopters ebenfalls berücksichtigt werden. Unter Anwendung von etwas Theorie kann man zeigen, dass eine gute GPS-Regelung, welche auch dem Störeinfluss des Windes gerecht wird, nur mit einem sogenannten PID-Regler (Proportional – Integral – Differential) ausgeregelt werden kann. Dieser kann in der Konfigurationssoftware über das PC-Interface eingestellt werden, sofern vorhanden. Die Parameter können beispielsweise GPS-K_P, GPS-K_D und GPS-K_I heißen. Die Hersteller von GPS- gesteuerten Quadrocoptern machen in ihren Grundeinstellungen bereits Vorschläge für GPS-K_P, GPS-K_D und GPS-K_I, genauso wie für die Werte für die Winkelregelung, K_P und K_D. Damit sollte der GPS-gesteuerte Quadrocopter die gewünschte Position schon einigermaßen genau erreichen.

Weitere technische Möglichkeiten

Werden also die Regelungen aller Sensoren eingeschaltet, also Gyros, Beschleunigungssensoren, Luftdrucksensor, Kompass und GPS, bleibt der Quadrocopter mehr oder weniger wie angewurzelt in der Luft stehen. Alle sechs Freiheitsgrade eines Körpers im Raum werden dann autonom kontrolliert.
Der Technik sind aber weiter keine Grenzen gesetzt. So können beispielsweise auch Fernsteuerungen mit tragbaren PCs verbunden werden und per Mausklick und entsprechender Software beliebige Punkte in der Luft angeflogen werden. Auch für solche Aufgaben gibt es bereits verschiedene kaufbare Lösungen im Hobby- und Profibereich. Die Technik dazu wird im nächsten Kapitel erklärt.

5.3 Automatisierter Flug, Abflug von Waypoints

Der Begriff Waypoints

Waypoints sind aus der modernen Navigation bekannt. Auf Deutsch wird „Waypoint“ mit „Wegpunkt“ übersetzt. In diesem Zusammenhang wird jedoch häufig die englische Bezeichnung verwendet.

Bei den GPS-Handgeräten gibt es Menus, in welchen man sie bei einer Route abspeichern kann. Sie sind dann Koordinaten eines bestimmten Ortes entlang von dieser Route. Oftmals sind sie noch mit anderen Daten verknüpft, beispielsweise mit der Höhe über Meer. Auf einer Wanderung kann das beispielsweise die Seilbahnstation sein, bei welcher man das Auto geparkt hat oder es sind Sehenswürdigkeiten wie Kirchen oder Museen. Das Navigationsgerät kann dann entlang der Route immer feststellen, wie lange der Weg zu den gespeicherten Wegpunkten noch ist. Es ist mithilfe des GPS-Handgerätes auch möglich, sehr viele Waypoints entlang einer zurückgelegten Route abzuspeichern. Das wird dann Track Log genannt und weiter unten besprochen.

Die Anwendungen im täglichen Leben sind

fast unzählig. Neben der oben besprochenen Wanderung kann es auch eine Autofahrt sein, bei welcher man das benützt. In diesem Zusammenhang nimmt das Navigationsgerät dann auch die selbstständige Routenplanung und die Führung des Benutzers entlang von dieser vor. Ein weiteres Anwendungsgebiet ist der Sport. Unzählige Jogger benutzen ihr Navigationsgerät für den Track Log ihrer Jogging-Strecke. Sie können mit speziellen Programmen Streckenprofile mit ihren Geschwindigkeitsprofilen vergleichen oder zusammen mit Pulsmessgeräten sogar ihre Herzfrequenz als weitere Information abspeichern.

Anwendung in der Luftfahrt

Streng genommen gilt der Begriff „Waypoints" nur für die Navigation am Boden. Wenn man den Einsatz der modernen Navigationsgeräte im Zusammenhang mit Quadrocoptern zur Luftfahrt zählen würde, müsste man eigentlich den entsprechenden Begriff aus der Luftfahrt verwenden, nämlich „Intersections". Die Intersections dienen in der Luftfahrt zur Definition von An- und Abflugrouten oder ganz allgemein von Luftstraßen. Sie sind auch ein wichtiges Instrument für die Flugsicherungen. Für die Luftstraßen werden dann bestimmte Intersections definiert. Diese werden von den Flugnavigationssystemen angepeilt. Sobald sich das Flugzeug in einem bestimmten Radius um den Wegpunkt befindet, wird schon die Richtung des nächsten angepeilt. Flächenflugzeuge können ja schon aus physikalischen Gründen nicht einfach in der Luft stehen bleiben bzw. sofort um die Ecke drehen. Sie müssen den vordefinierten Weg mit den nötigen Kurvenradien abfliegen können. Aus diesem Grunde fliegen sie die Wegpunkte in der Luft nicht ganz exakt an, sondern nur innerhalb einer Toleranz.

Waypoints für Quadrocopter

Auch im Modellbau und speziell bei den Quadrocoptern im Zusammenhang mit Fotoflug ist der GPS-gesteuerte Abflug von Waypoints interessant. Das zeigt Abbildung 59 an einem konkreten Beispiel.

Wenn in einem GPS-Navigationssystem beispielsweise die Koordinaten für Home, P1, P2 und P3 gespeichert werden, sind ganz unterschiedliche Flugkombinationen möglich. Ein normales Navigationsgerät, welches für den Einsatz am Boden gedacht wäre, hätte für jeden von

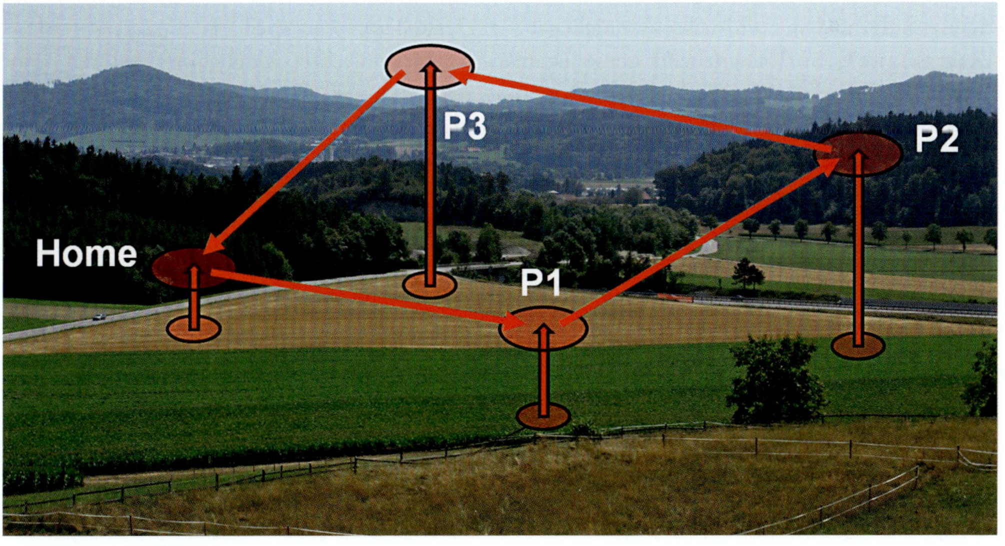

Abbildung 59: Waypoints

diesen Punkten nur die Höheninformation über Meer gespeichert. Da sich aber die Quadrocopter auf beliebigen Flughöhen bewegen können, muss zu allen Koordinaten auch die gewünschte Höheninformation über dem Boden vorhanden sein. Bei den GPS-Systemen ist zur Regelung der Quadrocopter auch ein Kompass eingebaut. Deshalb kann zu jedem Koordinatenpunkt auch die gewünschte Orientierung gespeichert werden. Die Möglichkeiten, wie die Speicherung der Waypoints in der Praxis realisiert werden kann, werden weiter unten diskutiert.

Die Art und Weise, wie der Pilot den Anflug der einzelnen Waypoints vorgeben kann, ist von System zu System verschieden. Es sollen hier aber einige Möglichkeiten besprochen werden, wie das bei heute verfügbaren GPS-Quadrocoptern gemacht wird.

Wenn bei der Fernsteuerung noch Schaltkanäle frei sind, ist es denkbar, diese für den Anflug von einzelnen Koordinaten zu programmieren. Somit legt der Pilot nach dem normalen ferngesteuerten Start den Schalter für GPS-Steuerung um. Der Quadrocopter wird dann mittels der im letzten Kapitel besprochenen Regelung selbstständig die Home-Position anfliegen. Da GPS nur auf etwa 10 m genau ist und auch die Höhenregelung mit dem Luftdrucksensor nicht ganz exakt ist, gibt es ein Toleranzband. Dieses ist im Bild mit dem Kreis dargestellt. In der Praxis wird der Quadrocopter auch aufgrund der nicht ganz exakten GPS-Messung etwas um den Koordinatenpunkt herumpendeln.

Mit dem Umlegen von anderen Schaltern kann der Quadrocopter dann auch die jeweils anderen Koordinatenpunkte direkt anfliegen. Wenn nicht genügend Schaltkanäle frei sind, ist es auch denkbar, eine komplette Flugfolge auf einen Schalter zu programmieren. Diese kann dann aus einem oder aus mehreren Waypoints bestehen. Es ist dann möglich, dass der Quadrocopter von der Home- Position ausgehend die komplette Flugfolge nach Abbildung 59 selbstständig abfliegt.

Auch bei einer solchen Flugart gibt es wieder verschiedene Möglichkeiten. Eine mögliche Variante ist, dass der Quadrocopter auf die neue Koordinate umstellt, sobald er in das Toleranzband der letzten hineinfliegt. Eine andere mögliche Variante ist, dass der Quadrocopter innerhalb des Toleranzbandes eines Koordinatenpunkts in der gewünschten Orientierung verharrt und erst durch ein definiertes Steuersignal der Fernsteuerung den nächsten gespeicherten Waypoint anfliegt.

Speziell um Filme zu erstellen, kann es auch interessant sein, die Aufmerksamkeit nicht auf die Waypoints selbst zu verwenden, sondern auf den Weg, welcher zu diesen zurückgelegt werden muss. Einige Navigationssysteme für Quadrocopter sehen hier auch vor, dass der Benutzer eine bestimmte Geschwindigkeit und Orientierung vorgeben kann, mit welcher sich der Quadrocopter von Koordinatenpunkt zu Koordinatenpunkt vorwärts bewegt.

Programmierung von Waypoints

Nun müssen die Waypoints auch noch in irgendeiner Weise abgespeichert werden, bevor sie abgeflogen werden können. Auch hier gibt es ganz verschiedene Arten, sie werden ebenfalls von den Herstellern vorgegeben.

Die einfachste Möglichkeit benötigt keine Anbindung an einen PC und kann direkt im Flug ausgeführt werden. Hier fliegt der Pilot die Punkte einfach in der gewünschten Orientierung an. Sobald er den gewünschten Punkt in der Luft erreicht hat, kann er diesen durch das Umlegen eines Schalters bei der Fernsteuerung abspeichern. Es ist so beispielsweise möglich, nacheinander mehrere neue Koordinaten abzuspeichern, indem man mehrmalig neue Punkte anfliegt und dabei immer dafür vorgesehene Schalter umlegt. Damit der Quadrocopter unterscheiden kann, ob er beim Umlegen eines Schalters die entsprechende Koordinate anfliegen oder abspeichern soll, wird einfach mit einem weiteren Schalter auf den Speicher- oder GPS-gesteuerten Flugmodus umgestellt.

Eine weitere Möglichkeit ist die Programmierung der Waypoints mit einem PC-Interface. Dazu wird der Quadrocopter beispielsweise über die USB-Schnittstelle mit einem PC verbunden. Auf diesem läuft dann eine spezielle Software. Diese überblendet Fotografien der realen Welt mit den Waypoints, welche man am Bildschirm selbst setzen kann, beispielsweise so, wie es in Bild 59 dargestellt wird. Die konkrete Abflugfolge kann dann ebenfalls durch Verbinden der Punkte festgelegt werden. Per Mausklick kann man diese Punkte inklusive Abflugfolge anschließend auf den Quadrocopter laden. Im Flug können dann wieder entsprechende Schalter umgelegt werden, um entweder die ganze Flugfolge oder auch nur einzelne ausgewählte Koordinaten anzufliegen.

Track Log

Zu Auswertungszwecken kann die ausgeführte Flugroute auch abgespeichert werden. Abbildung 60 zeigt ein Resultat für die eingegebenen Waypoints von Abbildung 59. Hier wurde die Route „Home-P1-P2-P3-Home" abgeflogen. Die vom GPS gemessenen Punkte wurden nacheinander abgespeichert.

Die Speicherung erfolgt in vielen Fällen entweder an einem in der Steuerelektronik dafür vorgesehenen Ort oder auf einer für solche Daten vorgesehenen Speicherkarte. Bei einigen Systemen können sie auch über Telemetrie direkt an die Bodenstation geschickt werden. Das wird im Kapitel 5.5 noch etwas tiefer behandelt.

Wenn die Daten an die Bodenstation geschickt werden, können sie sofort visualisiert werden. Wenn sie in der Steuerelektronik abgespeichert werden, müssen sie nach dem Flug über ein PC-Interface ausgelesen werden. Die Daten können mit einer entsprechenden Software dargestellt werden, so wie es in der Abbildung 60 gezeigt wird. Als Visualisierungshilfe wurden einige Punkte noch mit der Höhe über dem Boden dargestellt. Ebenfalls dargestellt ist der Schattenwurf am Boden, was den GPS-Daten ohne Höheninformation über dem Boden entspricht.

Selbstverständlich erfolgt der Abflug der Flugroute nicht exakt geradlinig. Es sind hier

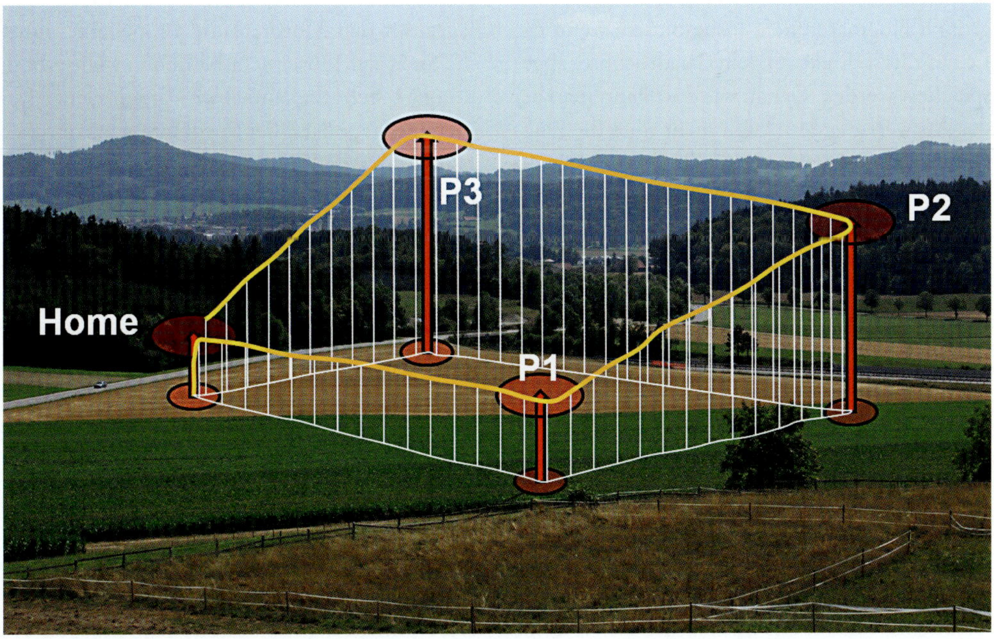

Abbildung 60: Visualisierung der abgespeicherten Daten

Abbildung 61: Feste Montage oberhalb des Quadrocopters

wieder Störeinflüsse, welche dies verursachen. Sie stammen vom Wind oder auch von nicht ganz exakten GPS-Positionen. Auch das kann man im Track-Log sehr schön mitverfolgen.

Der Track-Log hat hier eigentlich eine ganz ähnliche Funktion wie der Flugschreiber bei den großen Flugmaschinen, insbesondere wenn die Daten zuerst direkt auf dem Quadrocopter abgespeichert werden. Genau wie dort kann man bei der Auswertung der Daten mehr über die Flugroute erfahren. Selbstverständlich ließe sich ein Track-Log auch erweitern. Auf dem Quadrocopter sind ja noch mehr Daten verfügbar. So wäre es auch möglich, zusätzlich Kompassdaten, die Höhenangaben des Luftdrucksensors, vielleicht auch Motorströme oder die Batteriespannung abzuspeichern.

5.4 Kamerahalterungen

Nun widmet sich das ganze Kapitel dem GPS in Kombination mit dem Fotoflug. Also muss ein für diesen Zweck ausgerüsteter Quadrocopter auch Kameras mittragen können. Und hier gibt es wieder ganz unterschiedliche Bedürfnisse, je nachdem welche Qualitätsansprüche verfolgt werden.

Montage oben

In jedem Falle muss die Kamera so montiert werden, dass die Linse freie Sicht auf das zu fotografierende oder zu filmende Objekt hat. Und hier stellt sich die erste Herausforderung. Die für den Betrieb des Quadrocopters so wichtigen Ausleger mit den Motoren und Propellern sollten die Sicht der Linse nicht behindern. Die Abbildung 61 stellt die einfachste Variante einer Kameramontage dar. Hier wurde eine ganz normale handelsübliche Kamera eingebaut. Anhand von dieser werden hier zuerst einmal einige Merkmale besprochen.

Die Kamera ist hier fest in einem bestimmten Neigungswinkel montiert. Auf diese Weise ist es möglich, im Flug gute Bilder beispielsweise des Horizontes oder bei noch stärkerer Neigung auch Luftaufnahmen von Landschaften herzustellen. Das hat den Vorteil, dass außer einer winkelverstellbaren Stativschraube keine spezielle Haltevorrichtung benötigt wird. Wenn man Aufnahmen in eine andere Himmelsrichtung vornehmen möchte, kann man den Quadrocopter mit dem Gier-Knüppel in eine andere Richtung drehen. Die Montage der Kamera oberhalb des Quadrocopters hat den Vorteil, dass sie bei einer normalen Landung niemals beschädigt wird, aber auch den Nachteil, dass bei einem Überschlag so gut wie gar kein Schutz vorhanden ist und die Kamera zuerst auf dem Boden aufschlägt. Wie auch im Bild ersichtlich ist, zeigt die Kamera in die Richtung zwischen zwei Auslegern. Grundsätzlich wäre ein Flug in „+"- Konfiguration möglich, da man mit einer fest montierten Kamera aber in der Praxis meistens nach vorne oder nach hinten gerichtet fotografieren möchte, ist die Standard-Konfiguration für diese Art der Montage „x", also ist „vorne" ist zwischen zwei Auslegern. Da die Kamera aber trotzdem an den Auslegern vorbei nach unten fotografieren muss, lässt es sich vor allem bei kleineren Achsabständen oftmals nicht vermeiden, dass man noch Teile von Propellern auf den Bildern hat. Ausserdem sind die perspektivischen Möglichkeiten durch den fixen Neigungswinkel noch stark eingeschränkt.

Montage unten

Je weiter unten die Kamera deshalb montiert ist, desto weniger muss man sich Gedanken um die Platzierung der Linse an den Auslegern vorbei machen. Bei einer Montage unterhalb von diesen hat die Kamera sicher eine freie Sicht. Umso mehr ist dann der richtige Schutz bei der Landung ein Thema. Was bei der Landung näher am Boden platziert ist, ist eben immer gefährdeter als anderes, was Beschädigungen anbelangt.

Die Abbildung 62 zeigt eine typische Ansicht einer solchen Montage. Die Kamera ist hier konsequent unterhalb des Quadrocopters montiert. Um den nötigen Freiraum zu schaffen, wurde dieser mit einem Landegestell ausgerüstet. Selbstverständlich bedeutet das auch etwas zusätzliches Gewicht. Da sich jedoch im Flug alle für Fotos oder Videos interessanten Sujets unterhalb des Fluggeräts befinden, wird diese Anordnung sehr häufig angewendet. Die Landegestelle sorgen dabei sinnvollerweise auch für eine grosszügige Bodenfreiheit für die Kamera, um diese auch bei einer unebenen Bodenbeschaffenheit vor Kollisionen zu schützen. Auch dies ist auf der Abbildung zu sehen.

Bewegung der Kamera mit kardanischer Aufhängung, Gimbal

Bis jetzt könnte man denken, die Kamerahalterung bestünde lediglich aus einer Platte oder einem Winkel mit entsprechenden Löchern, um die Kamera fix mit dem Quadrocopter zu verbinden. Bei der Abbildung 61 wurde dies auch so gelöst.

Abbildung 62: Quadrocopter mit Landegestell (Foto: Peter Plischka, hexrotor.de)

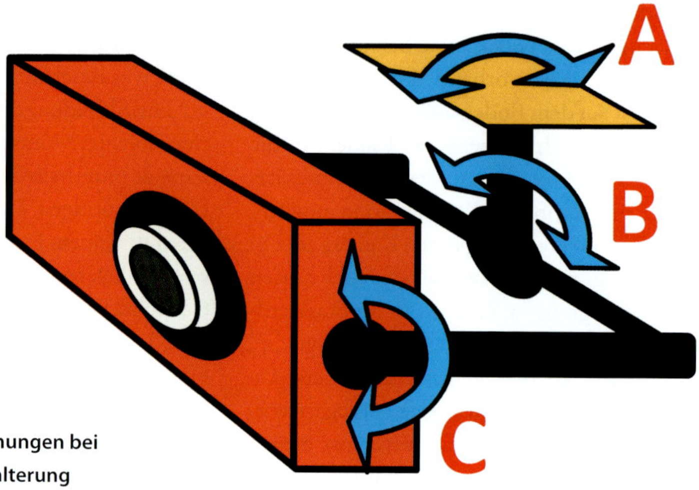

Abbildung 63: Mögliche Drehungen bei einer intelligenten Kamerahalterung

Wer sich jedoch etwas eingehender mit dem Thema Fotoflug befassen will, stößt mit einer solchen fest montierten Kamera relativ schnell an Grenzen. Um einen bestimmten Bildausschnitt fotografieren zu können, muss sich der Quadrocopter mit dieser Lösung auch an einem ganz bestimmten Ort befinden und auch auf einer bestimmten Höhe schweben.

Möchte man auch mit der Kamera Bildausschnitte aus jeder beliebigen Perspektive fotografieren, so muss auch die Kamera in alle Orientierungen gedreht werden können. In der Abbildung 29 wurden die sechs Freiheitsgrade eines Quadrocopters vorgestellt, also die drei Winkel sowie die Bewegung in X, Y und Z. Analog dazu muss eine Kamera im allgemeinen Fall beliebig in die drei Winkelfreiheitsgrade bewegt werden können. In der Abbildung 63 werden diese A, B und C genannt.

Die Drehung A ist diejenige um die Gier-Achse. Aus rein technischen Überlegungen heraus ist sie eigentlich überflüssig, da sie ja auch mit dem Quadrocopter selbst ausgeführt werden kann. In der Realität ist es auch so, dass sie oftmals weggelassen wird. Trotzdem gibt es einige Halterungen, welche die Kamera um diese Achse herum drehen können. Nicht immer ist das GPS beim Fotoflug eingeschaltet und einige Quadrocoptersysteme tragen zwar Kameras, haben aber kein eingebautes GPS. Deshalb wird dann ganz normal auf Sicht geflogen. Viele der Quadrocopter-Piloten, welche Fotoflug bei ausgeschaltetem oder ohne GPS betreiben, beherrschen ihren Quadrocopter in der Orientierung „Heckschweber" am besten. Das ist die Orientierung, in welcher sie die Sicht auf das Heck haben. Hier entsprechen die Knüppelbewegungen der Fernsteuerung exakt den Bewegungen des Quadrocopters. Zum Vergleich wären bei der Orientierung „Nasenschweber", also mit der Sicht auf die Front, alle Knüppelbewegungen den Bewegungen in der Realität entgegengesetzt.

Nun ist es ja auch so, dass beim Flug für Fotos und Filme auch noch anderes als nur der Quadrocopter selbst Aufmerksamkeit erhalten möchte, beispielsweise die Wahl des richtigen Ausschnitts, oder die richtige Belichtung auf einem Hilfsmonitor. Deshalb ist eine weitere Drehmöglichkeit der Kamera um die Achse A eine willkommene Hilfe, um die Orientierung des Quadrocopters nicht ändern zu müssen.

Die Drehungen um die Achsen B und C sind nötig, um den Neigungswinkel der Kamera verstellen zu können. Das ist nötig für die Erstellung von Filmen und Fotos aus verschiedenen Perspektiven, beispielsweise bei einer Änderung der Flug-

Abbildung 64: Technische Ausführung eines Gimbals (Foto: Peter Plischka, hexrotor.de)

höhe mit Fokus auf dasselbe Objekt am Boden. Im Gegensatz zur Drehung A ist die Möglichkeit der Drehungen B und C auch aus technischer Sicht nötig. Sie entsprechen ja einer Kombination der Nick- und Roll-Achse des Quadrocopters. Wenn man zur Erreichung einer Neigung der Kamera Nick und Roll zu Hilfe nehmen würde, dann würde die nicht horizontale Winkellage sofort zu einem seitlichen Drift des Quadrocopters führen. Das hätte dann auch eine Änderung der Position zu Folge und wäre nicht erwünscht.

Die Abbildung 64 zeigt eine technische Ausführung einer Kamerahalterung. Eine solche Anordnung wird auch kardanische Aufhängung genannt. Es wäre so grundsätzlich möglich, die Kamera um die drei Orientierungen zu drehen, dass die Linse am Ort bleibt.

Der englische Begriff für Halterungen, welche Kameras um mehrere Rotationsachsen drehen können, ist Gimbal. Er wird auch häufig in der deutschen Sprache so verwendet. Beim vorliegenden Beispiel wird nur eine Drehung um B und C nach Abbildung 63 ermöglicht. Die Drehung um A erfolgt durch die Gier-Achse des Quadrocopters.

Lageregelung der Kamerahalterung

Wie aus der Abbildung 64 ersichtlich ist, werden auch für die Drehung häufig Brushless-Motoren eingesetzt. Außerdem werden auch diese Bewegungen durch eine elektronische Steuerungsplatine unterstützt. Ähnlich wie die Steuerungsplatine des Quadrocopters selbst, sind auch hier Inertial Measurement Sensoren (IMU) zur Lageerkennung in allen Raumwinkeln im Einsatz. Wenn nämlich der Quadrocopter angestellt wird, um zu driften oder wenn er durch Windeinflüsse aus der horizontalen Lage gebracht wird, sorgen diese Sensoren zusammen mit den Brushless-Motoren der Halterung dafür, dass die Kamera immer möglichst exakt in denjenigen Winkeln zum Boden steht, wie es der Pilot wünscht. Die gute Ausregelung dieser Winkel ist ein wesentlicher Faktor dafür, dass Fotos und vor allem Flugvideos möglichst wackelfrei und mit der richtigen Orientierung aufgenommen werden können. Es geht hierbei nicht nur darum, möglichst schnell die horizontale Lage erreichen, sondern auch darum, dass am Ende nicht zu ruckartige Bewegungen der Kameralinse entstehen.

Bei der Motorisierung und Regelung von solchen Kamerahalterungen werden ganz verschiedene Ausführungen gebaut. Im einfachsten Falle wird nur der Winkel C verstellbar ausgeführt, entweder motorisiert oder auch nicht. Sobald eine Neigungsregelung durchgeführt werden soll, ist es sinnvoll, dass sowohl der Winkel C als auch der Winkel B motorisiert verstellbar gebaut sind. Im Falle einer unabhängig von der Lage des Quadrocopters geregelten Orientierung der Kamera in allen drei Winkelfreiheitsgraden sollten alle drei Winkel A, B und C motorisiert sein.

5.5 Onboard-Kameras und Videoaufzeichnungen

Einer der Beweggründe für die Entwicklung von Quadrocoptern war in den frühen 2000er Jahren die Aussicht, mit diesen Fluggeräten Fotos oder Filme aus ganz neuen, fast frei wählbaren Perspektiven herzustellen. Die ersten professionellen Anwender waren dann auch Polizei und Feuerwehr, welche so Unfallstellen oder Brandherde aus jedem beliebigen Blickwinkel fotografieren konnten. Heute führt man Kamerainspektionen für ganz unterschiedliche Zwecke durch, man fliegt beispielsweise auch hohe Brücken an, um von unten nicht sichtbare Korrosionsschäden oder Risse festzustellen. Auch im militärischen Bereich gab es von Beginn weg Interesse für Quadrocopter. Eine Minidrohne, welche man unbemannt überall hinschicken kann, erregt eben nicht nur die Fantasie der Science-Fiction-Autoren, und speziell dann nicht, wenn die Technik dazu Realität ist.

Wahrlich explodiert sind die Anwendungsmöglichkeiten aber in der heutigen Zeit im Hobbybereich. Es ist aufgrund der großen Verbreitung der Ready-to-fly-Quadrocopter und der vielen sehr einfach zu bedienenden und vor allem leichten Kameras heute überhaupt kein Problem mehr, solche Filme und Fotos aus der Vogelperspektive zu erstellen. Es gibt heute ja sogar schon Ready-to-fly-Quadrocopter, welche schon Kameras eingebaut haben. Bei einigen ist es auch möglich, die Flugbilder während des Flugs auf dem Smartphone darzustellen. Die kleinen Elektronikgeräte, welche uns heute auch bei vielerlei Aufgaben im Alltag unterstützen, haben auch beim Modellbau Einzug gehalten. In den nächsten Unterkapiteln werden deshalb einige Systeme von modernen Foto- und Filmkameras behandelt und deren technischen Möglichkeiten diskutiert.

Foto- und Filmkameras

Es gibt unzählige Kameras auf dem Markt, welche sich zur Montage auf einem Quadrocopter eignen. Es muss zuerst einmal auf zwei Dinge geachtet werden: einerseits das Gewicht und andererseits die Art und Weise, wie Fotos oder Filme erstellt werden können, ob automatisch oder durch einen elektronischen Auslöser.

Viele Elektronik-Hersteller bieten für die Fernauslösung technische Lösungen an. Selbstverständlich wird auch hierfür ein Fernsteuerka-

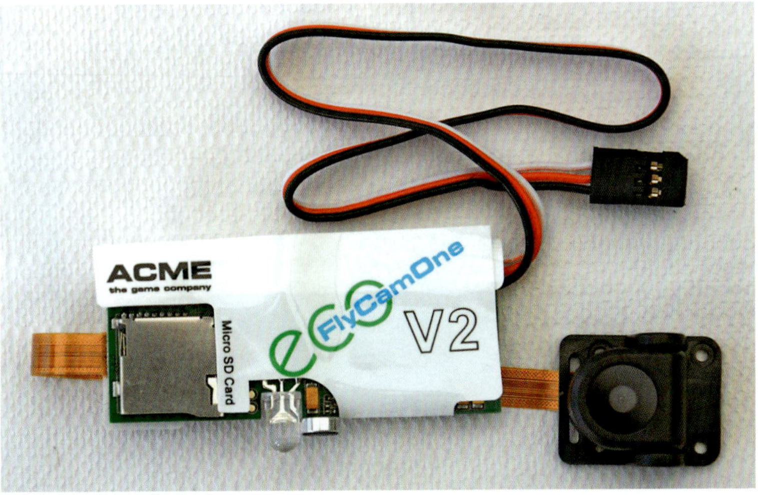

Abbildung 65: FlyCamOne, eine Onboard-Kamera

nal benötigt. Die Kameras haben heute Speicherkarten mit sehr grosser Kapazität. Oft kann man deshalb auch auf eine Fernauslösung verzichten und den Fotoapparat zu vorgegebenen Zeitabständen automatisch Bilder machen lassen. Dies funktioniert unter der Bedingung, dass dessen Einstellungsmöglichkeiten dies zulassen. Auch Videoaufzeichnungen lassen sich so realisieren.

Abbildung 65 zeigt das Beispiel einer sehr einfach bedienbaren Onboard-Kamera. In der gezeigten Ausführung werden die Daten auf einer handelsüblichen SD-Speicherkarte abgelegt. Die Kamera ermöglicht auf einfache Weise bereits die wichtigsten Grundfunktionen, wie sie auch mit größeren Kameras ausgeführt werden können. So ist es mit einem Kanal der Fernsteuerung bereits möglich, Aufnahmen zu starten und zu stoppen und zwischen der Erstellung von Filmen, Bildern oder Bildabfolgen auszuwählen. Je nach Größe der eingesetzten Speicherkarte lassen sich so auch schon längere Filme realisieren.

Viele Onboard-Kameras sind viel breiter einsetzbar als nur im Modellbau. Die Anwendungsgebiete dafür sind heute mannigfaltig. Häufig werden sie auch im Sport verwendet. Eine Möglichkeit hierfür sind auf Helme montierte Kameras. Somit können beispielsweise mit dem Fahrrad oder auch auf Skiern abgefahrene Strecken aufgezeichnet werden. Bei extremeren Sportarten können auch Klettertouren, Gleitschirmflüge oder Luftaufnahmen bei einem Fallschirmsprung aufgezeichnet werden. Der Modellbau ist hier

Abbildung 66: Onboard-Kamera MyCam

Abbildung 67: Onboard-Kamera GoPro Hero

also nur eine Anwendung von vielen. Die aus diesem Grunde erreichbaren hohen Stückzahlen ermöglichen so erst den preiswerten Erwerb einer Kamera mit guter Qualität.

Auf der Abbildung 66 ist eine weitere Onboard-Kamera dargestellt. Sie ist kompakt ausgeführt und hat eine Linse auf der Frontseite. Der Speicher ermöglicht es je nach eingestelltem Modus ebenfalls, Filmsequenzen über die gesamte Flugdauer oder auch einzelne Fotos aufzunehmen. Bei den Kameras, welche nicht ausschließlich für den Modellbau hergestellt wurden, gibt es in der Regel ohne Zubehör keinen direkten Servoanschluss für die Auslösung der Aktionen über einen Kanal der Fernsteuerung.

Es ist jedoch bei den heute erhältlichen sehr großen Speicherkarten kein Problem mehr, sehr viele Daten bis hin zur Filmsequenz über die Flugdauer aufzunehmen. Oftmals benötigt man dann im Hobbybereich gar keinen elektronischen Auslöser mehr, sondern stellt den gewünschten Aufnahmemodus vor dem Flug ein und lässt die Kamera dann einfach laufen. Nach dem Flug wertet man dann die Daten der Speicherkarte mit einem PC-Programm aus. Das funktioniert genau gleich wie mit einem ganz normalen Fotoapparat, vorausgesetzt er unterstützt die Möglichkeit, solche Einstellungen von permanenten Bildaufnahmen in wählbaren Zeitabständen vorzunehmen. Wenn man als Beispiel die Kamera vor dem Flug so einstellt, dass sie alle zehn Sekunden ein Foto macht, dann ergeben sich bei einem zehnminütigen Flug 60 Bilder. Davon kann man später noch diese auswählen, welche einem gut gefallen. Wenn einem keine der Aufnahmen gefällt, beispielsweise weil der Bildausschnitt oder der Montagewinkel der Kamera nicht richtig gewählt war, muss der Flug wiederholt werden.

Die bis jetzt besprochenen Kameras sind sehr leicht gebaut. Ihr Gewicht fällt bei den meisten Quadrocoptern kaum auf. Somit können alle gewünschten Flugmanöver damit so ausgeführt werden, als wenn sie gar nicht montiert wären.

Mit grösseren Objektiven lassen sich aber auch Bilder und Filme mit einer höheren Qualität herstellen. Sobald aber Objektive mitgetragen werden müssen, wird auch das Gehäuse schwerer. Deshalb muss dann bei solchen Kameras immer zuerst geprüft werden, ob der Quadrocopter das Zusatzgewicht auch tragen kann. Hilfestellungen dazu sind weiter unten zu finden. Dort werden einige Nutzlasten von Quadrocoptern mit gängiger Grösse besprochen.

Abbildung 67 zeigt eine Kamera, welche schon mit relativ kleinen Systemen sicher in der Luft bewegt werden kann. In diesem Fall ist die

Kamerahalterung etwas einfacher ausgeführt. Es wurden hier einfach verstellbare Schrauben verwendet, mit welchen der Kamerawinkel manuell verstellt werden kann. Solche Kameras werden nicht in einer Schutzhülle in der Tasche mitgetragen. Die Anforderungen für Anwendungen im Outdoor-Sportbereich sind bedeutend härter. Deshalb sind sie stabiler ausgeführt und auch besser gegen Spritzwasser geschützt. Selbstverständlich lassen sich damit ebenfalls Filme, Fotos oder Serienfotos herstellen. Die Kamera kann auch mit einer zusätzlichen Fernbedienung gesteuert werden. So ist es ebenfalls möglich, im Flug zwischen Foto- und Filmaufnahmen umzustellen. Außerdem können so auch Sequenzen gestartet und gestoppt werden.

Online Datenübertragung

Um den Begriff im Titel zu verstehen, müssen die Begriffe „Online" und „Offline" im Zusammenhang mit den Flugaufnahmen zuerst erklärt werden. Unter einer „Offline Datenübertragung" versteht man, dass es während des Fluges keine Möglichkeit gibt, auf die Fotos und Filme zuzugreifen. Erst nach der Landung wird die Kamera oder der Speicherchip mit dem PC verbunden und ausgelesen. Erst hier entscheidet es sich dann, ob die Bildausschnitte richtig gewählt wurden oder ob die Bilder scharf sind. Im Gegensatz dazu bietet eine Online-Datenübertragung also eine Möglichkeit, die erstellten Bilder und Filme während des Fluges zur Bodenstation zu übertragen. So können sie am Boden sofort analysiert werden und es können gegebenenfalls auch Maßnahmen ergriffen werden, um sie zu verbessern. So kann beispielsweise ein anderer Bildausschnitt gewählt werden oder es können Objekte herangezoomt werden.

Grundsätzlich sind die oben dargestellten Kameras in der Grundausstattung meistens für den Offline-Betrieb ausgerüstet. Das ist im Hobby-Bereich sicher ein guter Einstieg. Es gibt aber oftmals die Möglichkeit, die Daten mit zusätzlichen Telemetriesystemen auszurüsten und die Bilder an die Bodenstation zu senden. Ob eine Kamera diese Option jeweils bietet, muss aber im Einzelfall abgeklärt werden. Häufig bieten Telemetriesysteme die Möglichkeit, die Bilder online auf einem Smartphone darzustellen. Es gibt dazu für die eine oder andere Fernsteuerung spezielle Halterungen, auf welche die Smartphones aufgesteckt werden können. Aufgrund der häufig limitierten Datenrate der Übertragung kann es auch sein, dass nicht die volle Bildauflösung oder auch nicht jedes Bild online übertragen wird. So ist es in jedem Falle möglich, jederzeit mit einem Auge zu verfolgen, welche Bildausschnitte die Kamera oben gerade aufnimmt. Gerade dann, wenn die im letzten Kapitel behandelten dreh- und schwenkbaren Kamerahalterungen eingesetzt werden, ist eine Kontrolle am Boden sehr hilfreich, um überhaupt den richtigen Winkel einzustellen.

Hier zeigen sich jedoch Herausforderungen der Online-Datenübertragung. Die Fernsteuerung inklusive Smartphone wird schnell zum kompletten Multimedia-Center. Einerseits müssen mit einem Auge Videos mitverfolgt werden, andererseits sollte man jedoch auch den fliegenden Quadrocopter im Auge behalten und weiter werden vielleicht zusätzlich noch Wapoints abgeflogen. Das sind in vielen Fällen schon etwas viele Aufgaben auf einmal. Nicht jeder Quadrocopter-Pilot schätzt das. Möglicherweise möchte er sich lieber voll und ganz auf die Steuerung seines Quadrocopters konzentrieren. Anderen ist das vielleicht gerade recht und sie können gar nicht genug von diesen Daten bekommen, welche sie zusätzlich mitverfolgen möchten.

Sobald die Foto- und Filmerstellung aber noch etwas professioneller gehandhabt wird, genügt der Quadrocopter-Pilot alleine nicht mehr für die gleichzeitige Ausführung aller Tätigkeiten. Dann ist meistens eine zweite Person nur für die richtige Bedienung und die Drehung und Schwenkung der Kamera zuständig. Diese arbeitet am Bildschirm und konzentriert sich dann ausschließlich um die Erstellung von guten Fo-

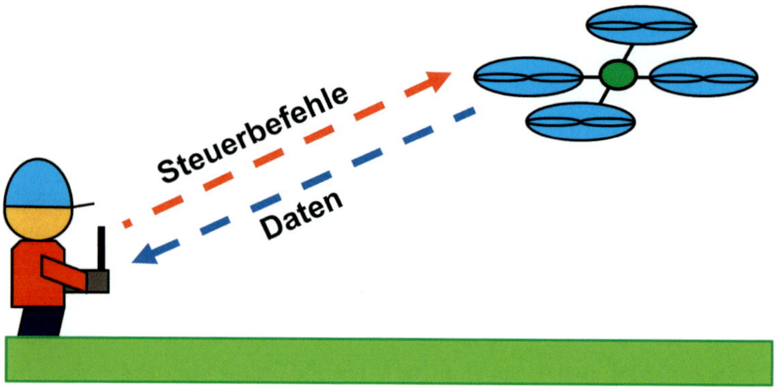

Abbildung 68: Datenfluss

tos und Filmen. Der Pilot kann sich dann der Steuerung des Quadrocopters und allenfalls dem Abflug der Route widmen. Selbstverständlich arbeiten dann beide zusammen und sprechen sich bei den Tätigkeiten ab.

Videoübertragung mit 433 MHz, 2,4 GHz, 5,8 GHz

Abbildung 68 zeigt ein Schema mit dem Datenaustausch zwischen der Fernsteuerung und dem Quadrocopter für eine typische Online-Übertragung der Videosignale. Einerseits sendet die Fernsteuerung die Steuerbefehle zum Quadrocopter und andererseits sendet der Quadrocopter die Bilddaten zurück. Ein solcher Datenaustausch auf beide Seiten heißt bidirektionale Kommunikation. Die einfachste und häufigste Variante ist diejenige, wenn die Übertragung der Bilddaten von der Fernsteuerung unabhängig erfolgt. Häufig wird aber für die Übertragung dieser Daten dasselbe Frequenzband wie bei den Fernsteuerungen verwendet, nämlich dasjenige um 2,4 GHz. Die Abbildung zeigt hier aber schön, dass die Fernsteuerung und die Datenübertragung der Bilder an demselben Ort wirken. Obwohl bei den modernen Fernsteuerungen heute umfangreiche Maßnahmen zur Übertragungssicherheit vorgenommen werden, ist es möglich, dass der sichere Empfang auf diese Art etwas leidet. So kann es vorkommen, dass die ankommenden Bilddaten durch den Sender etwas gestört werden. Noch schlimmer ist jedoch, dass die Übertragung der Bilddaten eben auch den Empfang der Steuersignale für den Quadrocopter stören kann.

Es gibt heute bei den Ready-to-fly-Systemen mit eingebauten Kameras auch bidirektionale Übertragungssysteme, bei welchen der Fernsteuersender und die Bildübertragung koordiniert senden. Das heißt, dass zur gleichen Zeit nur jeweils eine der beiden Einheiten sendet. Dabei wird so schnell hin- und hergeschaltet, dass weder der Empfang der Fernsteuersignale noch derjenige der Bilddaten beeinträchtigt wird. Aber das setzt voraus, dass das ein System ist, bei welchem ein Hersteller beide Teilsysteme unterstützt. So wird dann auch der beim Quadrocopter eingebaute Empfänger für eine kurze Zeit zum Sender und überträgt seine Bilddaten. Eine solche Datenübertragung wird auch Datenübertragung auf dem Rückkanal genannt. In der Nachrichtentechnik wird das als Halbduplex bezeichnet. Die Leistung auf dem Rückkanal kann dann auch etwas gedrosselt werden. In jedem Falle sollte dann beim Sender für die Darstellung der Bilddaten auch die Möglichkeit für den Anschluss eines Smartphones oder gleich ein integriertes Display vorhanden sein.

Es gibt auch die Möglichkeit, dass die Bilddaten auf einem anderen Frequenzband gesendet werden. Es gibt dazu technisch gesehen beispielsweise die Möglichkeit, dass die Frequenzbänder um 433 MHz und 5,8 GHz für die Videoübertragungen verwendet werden. Es muss dabei aber jeweils für die einzelnen Länder geprüft werden, welche Frequenzen erlaubt sind und welche nicht. Sobald man andere Frequenzen als die für die Fernsteuerung gebräuchlichen 2,4 GHz zur Übertragung der Videosignale verwendet, gibt es keine Funkstörungen mehr, wenn die Steuersignale für den Quadrocopter und die Bilddaten an dem selben Ort übertragen werden.

Zusatzgewicht

Selbstverständlich verursachen die Kameras und deren Halterung auch ein Zusatzgewicht. Kleinste Kameras, wie beispielsweise diejenige von Abbildung 65, wiegen nur wenige Gramm und können von den meisten Quadrocoptern ohne Weiteres getragen werden. Aber in diesem und im letzten Kapitel wurden je nach Anforderung ganz unterschiedlich schwere Systeme vorgestellt. Wenn alles automatisch dreh- und schwenkbar ausgeführt sein soll und auch das Objektiv eine gewisse Größe aufweist oder weitere Möglichkeiten bietet, beispielsweise diejenige eines Zooms, dann wird das Gesamtgewicht unweigerlich ansteigen. Professionelle Systeme können so bald einmal ein Kilogramm oder auch noch mehr an Gewicht aufweisen. Somit muss der Quadrocopter in jedem Falle dieses Gewicht tragen können. In Kapitel 7 werden allgemein Multicopter behandelt, insbesondere auch Hexa- und Octocopter mit sechs oder acht Propellern. Speziell bei den schwereren Kamerasystemen werden eher solche Systeme eingesetzt. Der Grund dafür ist einfach der, dass Octocopter mit denselben Propellern und Motoren das doppelte Gewicht tragen können wie Quadrocopter. Außerdem weisen sie eine gewisse Redundanz auf. Das heißt, dass sie mit der Kamera immer noch sicher landen können, wenn einer der acht Motoren ausfällt. Da die größeren Kameras ja meistens etwas teurer sind, gibt das auch eine gewisse Sicherheit.

Weiter oben wurde ein Richtwert für das Schub-/Gewichtsverhältnis von 3:1 definiert. Selbstverständlich möchte man aber mit einer montierten Kamera keinen Speedflug betreiben, sondern eher ruhig schweben. Trotzdem sollte das Schub-/Gewichtsverhältnis noch etwas mehr als 2:1 betragen, damit ein sicheres Schweben noch möglich ist. Das führt auf die unteren Merksätze, welche für Quadro- Hexa- und Octocopter oder ganz allgemein für die Multicopter gelten.

Für einen Multicopter mit maximal 1.200 g (ca. 12 N) Schub, sollte das Abfluggewicht inklusive Kamera höchstens 600 g betragen. Das könnte sich etwa so aufteilen, dass der Multicopter inklusive Akku etwa 400 g und die Kamera mit Halterung höchstens 200 g schwer sind. Diese Daten weist etwa ein Quadrocopter mit 8"-Propellern und 30 g schweren Motoren auf.

Für einen Multicopter mit maximal 2.400 g (ca. 24 N) Schub, sollte das Abfluggewicht inklusive Kamera höchstens 1.200 g betragen. Das könnte sich etwa so aufteilen, dass der Multicopter inklusive Akku etwa 800 g und die Kamera mit Halterung höchstens 400 g schwer sind. Diese Daten weist etwa ein Quadrocopter mit 10"-Propellern und 60 g schweren Motoren auf.

Für einen Multicopter mit maximal 4.800 g (ca. 48 N) Schub, sollte das Abfluggewicht inklusive Kamera höchstens 2.400 g betragen. Das könnte sich etwa so aufteilen, dass der Multicopter inklusive Akku etwa 1.600 g und die Kamera mit Halterung höchstens 800 g schwer sind. Diese Daten weist etwa ein Octocopter mit 10"-Propellern und 60 g schweren Motoren auf.

Für einen Multicopter mit maximal 8.000 g (ca. 80 N) Schub, sollte das Abfluggewicht inklusive Kamera höchstens 4.000 g betragen. Das könnte sich etwa so aufteilen, dass der Multicopter inklusive Akku etwa 2.500 g und die Kamera mit Halterung höchstens 1.500 g schwer sind. Diese Daten weist etwa ein Octocopter mit 12"-Propellern und 100 g schweren Motoren auf.

Viele Hersteller von Komplettsystemen geben bei ihren Systemen auch eine mögliche Nutzlast an. Es ist ja so, dass mehr Nutzlast vorhanden ist, wenn es gelingt, die Gesamtstruktur bestehend aus Rahmen, Motoren und Elektronik etwas leichter zu bauen. Wenn außerdem auch Akkus mit einer kleineren Kapazität verwendet werden, dann sinkt vielleicht die Flugzeit auf unter 10 Minuten. Dafür besteht dann aber die Möglichkeit, die Nutzlast weiter zu vergrößern. Die Gewichtszahlen in den Merksätzen sind deshalb nur etwa als Richtgrößen zu verstehen. Es ist unter Umständen möglich, mit dem einen oder anderen Kompromiss auch größere Nutzlasten tragen zu können.

Das Schub-Gewichtsverhältnis verringert sich so von 3:1 auf etwa 2:1. Es ist dann immer noch genügend Regler-Reserve vorhanden, um im Schwebeflug Fotos zu machen. Wenn man unter die Marke von 2:1 ginge, also bei einem bestimmten Maximalschub noch etwas mehr Abfluggewicht aufweisen würde, dann könnte der Quadro-, Hexa- oder Octocopter zwar immer noch abheben. Bei kleinen Störeinflüssen wie beispielsweise etwas Wind könnte er sich aber unter Umständen nicht mehr stabil in der Schwebe halten, da die dazu benötigte Reserve fehlt. Obwohl in der Praxis das eine oder andere System ohne diese Reserve fliegt, stellt das Schub-/Gewichtsverhältnis von 2:1 aus Sicht des Autors die Grenze des sinnvoll Realisierbaren dar.

Videobrille

Wie weiter oben besprochen, gibt es auf der Basis von verschiedenen Frequenzbändern die Möglichkeit, die Bilddaten während des Fluges an eine Bodenstation zu senden. Für die Visualisierung dieser Daten gibt es nun verschiedene Möglichkeiten. Das kann wie oben besprochen ein Display, ein PC-Bildschirm oder auch ein Smartphone sein. Es gibt aber heute technisch gesehen auch die Möglichkeit, die Daten direkt auf ein in eine Brille eingearbeitetes Display zu übertragen. Die Kombination „Videobrille und Quadrocopter“ ist eigentlich ziemlich kurios. Von einigen Piloten wird ihr Einsatz dann so praktiziert, dass sie den Quadrocopter sogar auf diese Art zu steuern versuchen. Man kann sich damit visuell so fühlen, wie wenn man direkt auf dessen Kommandobrücke stehen würde. Viele Videobrillen empfangen das Signal stark verzögert. Das ist für deren normal geplanten Einsatz im Multimediabereich meistens kein großer Nachteil. Will man damit aber einen Quadrocopter steuern, ist jedoch unbedingt darauf zu achten, dass die Verzögerung nicht zu groß ist, als Richtlinie nicht mehr als 0,2 Sekunden, da eine Steuerung sonst nicht mehr möglich ist.

Die technischen Möglichkeiten scheinen zwar heute fast unbegrenzt zu sein. Trotzdem birgt gerade der Einsatz von Videobrillen auch einige Risiken und Gefahren in sich. Wenn man sich nur noch auf diese Brille verlässt, kann es sein, dass man möglicherweise Menschen im Flug übersehen kann. Die entsprechenden Ämter der verschiedenen Staaten werden auch in diesem Bereich bei längerem Betrieb mehr Gesetze erlassen müssen, um diesen Gefahren zu begegnen. Dieses Buch geht nicht explizit auf die Gesetzeslage auf diesem Gebiet ein, weil diese im Moment mit der rasenden Entwicklung der Technik kaum Schritt halten kann. Es muss jedoch an dieser Stelle schon unbedingt darauf hingewiesen werden, dass der Einsatz einer Videobrille heute zumindest ein gesetzlicher Graubereich ist. Wenn als Beispiel die Gesetzgebung verlangt, dass zwischen dem Quadrocopter und dem Piloten jederzeit Sichtkontakt bestehen muss, dann ist die Verwendung von Videobrillen eigentlich nicht erlaubt. In jedem Falle sollte sich jeder, der mit solchen Techniken experimentiert, zumindest mit der aktuellen Gesetzgebung auseinandersetzen. Es sollte ein grundsätzliches Verständnis sein, dass mit dieser Technik verantwortungsvoll umgegangen wird.

Die Drohne

Foto- und Filmflug ist in der Kombination mit GPS ein sehr spannendes und lehrreiches Hobby. Sobald aber ein autonomer Flug möglich ist, wird das oftmals im Zusammenhang mit Drohnen betrachtet. Es ist richtig, dass viele militärische Entwicklungen der heutigen Zeit auf dieselbe Technologie zurückgreifen. Es ist dem Autor an dieser Stelle aber ein Anliegen, dass sich der Quadrocopter-Pilot hier etwas abgrenzen möge, da er diese Systeme aus purem Spaß am Hobby betreibt. Die Tatsache, dass es heute eben sehr viele von diesen Systemen für jedermann zu kaufen gibt, schürt in der Bevölkerung auch etwas die Angst davor. Es sollte deshalb gerade mit den fortschreitenden Möglichkeiten jedem Quadrocopter-Erbauer und -Piloten ein Anliegen sein, diese Technik sinnvoll und ehrbar zu nutzen.

5.6 Weitere mögliche Anwendungen von Quadrocoptern mit GPS

Die Aufnahme von Fotos oder Videos aus der Vogelperspektive ist zu Beginn des 21. Jahrhunderts sicher die häufigste Anwendung von Quadrocoptern mit GPS. Aus diesem Grunde stellen die verschiedenen Hersteller ja auch die Kamerahalterungen in verschiedenen Versionen zur Verfügung, ob drehbar, schwenkbar oder auch selbstausrichtend. Auch die unterschiedlichsten Versionen von flugtauglichen Kameras mit oder ohne drahtlose Videoübertragung zeugen von diesem Markt. Und doch gibt es auch heute schon Ansätze, Projekte und Prototypen von weiteren Anwendungen. Einige von diesen werden hier vorgestellt. Ob diese später eine größere Verbreitung finden werden, muss die Zukunft zeigen. Aber auch wenn nicht alle von diesen Ideen die Serienreife erlangen werden, so sollen sie doch als Anstoß für weitere Überlegungen dienen, was alles mit Quadrocoptern machbar ist. Es mögen daraus wieder neue Ideen entstehen, wie die Technik die Menschen unterstützen könnte.

Zustand von Getreidefeldern oder Obstanlagen

Oftmals möchte man gerne Aussagen darüber treffen, ob Getreidefelder oder Obstanlagen Dünger benötigen oder von Schädlingen befallen sind. Dazu fliegt ein mit Kameras ausgestatteter Quadrocopter das Feld systematisch ab. Anhand von verschiedenen Merkmalen wie beispielsweise Farbe, Blätterdichte, Anzahl erkannter Früchte, usw. lässt es sich erkennen, ob weitere Massnahmen eingeleitet werden sollen, um den Ertrag zu steigern. Obwohl auch hier Kameras und GPS eingesetzt werden, fällt diese Anwendung eigentlich nicht unter die Kategorie des Fotoflugs im engeren Sinne. Das Bild wird nämlich elektronisch weiterverarbeitet und die gewünschten Merkmale werden extrahiert. In der Fachsprache nennt man dies Bildverarbeitung. Ob diese Bildverarbeitung direkt auf dem Quadrocopter geschieht oder ob die Bilder bei der Bodenstation oder erst nach der Landung ausgewertet werden, hängt von der Anwendung ab. Es sind mit dieser Methode auch ganz andere Auswertungen möglich, um beispielsweise Informationen über die Baumbestände in Wäldern zu erhalten oder um die Bestimmung der Verkehrsdichte auf den Straßen vorzunehmen.

Defibrillator auf Golfsportanlagen

Hier wird der Quadrocopter für die Lebensrettung eingesetzt. Man stelle sich vor, dass ein Spieler auf dem Golfplatz einen Herzinfarkt erleidet. Sofort kann der Caddie oder auch ein Mitspieler einen Notruf über sein Smartphone absenden. Ein Quadrocopter steht zu jeder Zeit einsatzbereit auf dem Dach des Clubhauses und wartet auf einen über Funk übertragenen Startbefehl. Als Nutzlast trägt er einen Defibrillator mit sich. Das Smartphone, welches ja in vielen Versionen ebenfalls mit GPS ausgerüstet ist, sendet seine aktuellen Positionsdaten zusammen mit dem Notruf. So startet der Quadrocopter und fliegt auf schnellstem Wege zu dieser Position, und deponiert dort den Defibrillator. Sofort danach kann der Caddie oder der Mitspieler die Erste Hilfe durchführen.

Rettung von Verschütteten bei Lawinen-Niedergängen

Verschiedene Studien zeigen, dass bei Lawinen-Niedergängen die ersten Minuten entscheidend sind, um Verschüttete zu retten. Wen diese mehr als 30 Minuten im Schnee eingeschlossen sind, sinken die Überlebenschancen drastisch. Da die Betroffenen vor dem Niedergang oftmals in Gruppen unterwegs sind, spielen diejenigen Personen, welche nicht verschüttet werden, eine entscheidende Rolle bei der Rettung. Wenn sie die Verschütteten nicht selbst finden, kommt die Hilfe oft zu spät. Es ist schon heute üblich, dass jede Person der Gruppe einen Peilsender auf sich trägt. Ein entsprechendes Ortungsgerät zeigt dann an, wenn es sich unmittelbar über dem Verschütteten befindet.

In dieser Situation nimmt eine der Personen aus der Gruppe einen Such-Quadrocopter aus dem Rucksack und setzt ihn mitten in das Gebiet der niedergegangenen Lawine. Dieser startet auf Knopfdruck und fliegt das Gebiet selbstständig ab. Der Quadrocopter hat selbst ein Ortungsgerät eingebaut und kann das Peilsignal des Senders orten. Sobald er ein Signal mit genügender Stärke empfangen kann, gibt er einen Ton von sich und schwebt an Ort und Stelle. Hier muss man dann graben und kann so den Verschütteten retten.

Fliegender Pizza-Kurier

Über ein Smartphone oder Internet bestellt sich der Kunde eine Pizza beim fliegenden Pizza-Kurier. Bei diesem geht die Adresse zusammen mit dem Pizzawunsch ein. Die Pizza wird gebacken und in ein dafür vorgesehenes Gehäusefach des Quadrocopters geschoben. Dieser startet die Motoren und fliegt zum Kunden, bei welchem er an einem sicheren Platz landen kann. Dann schiebt er die bestellte Pizza aus dem Gehäusefach. Über die Sensoren versichert er sich wieder, ob er gefahrlos starten kann. Danach fliegt er selbstständig zum Pizzabäcker zurück. Dies könnte auch für andere Güter als Pizza angewendet werden. So wäre es beispielsweise auch möglich, dass ein Quadrocopter jemanden mit benötigten Medikamenten oder Ähnlichem versorgt.

Verpflegung auf Wanderwegen

Auf Wanderungen in Berggebieten nimmt man meistens einen mehr oder weniger großen Rucksack mit einer Verpflegung mit. Diesen könnte man sich mit neuen Technologien ersparen. So können auf einem Wanderweg einige Verpflegungsposten eingerichtet werden, auch in Kombination mit Feuerstellen. Diese sind mit einem geschützten Landeplatz ausgerüstet und einem kleinen Automaten, bei welchem man sich für eine Auswahl an Getränken oder Frischwaren wie Sandwiches oder Brot mit Bratwürsten entscheiden kann. Nach der Bestellung erfolgt eine Meldung an eine zentrale Ausgabestelle. Diese kann automatisch über ein solarbetriebenes Funkgerät erfolgen. Die bestellten Waren werden anschließend in den Nutzlastbehälter des Quadrocopters eingeladen. Der Quadrocopter verlässt die Ausgabestelle und fliegt GPS-gesteuert zum Verpflegungsposten. Nachdem er dort angekommen ist, lädt er die Waren ab und fliegt anschließend wieder zurück. Der geschützte Landeplatz darf durch eine Schleuse aus Sicherheitsgründen erst dann betreten werden, nachdem der Quadrocopter wieder abgehoben hat.

Der individuelle Quadrocopter für Lastentransporte

Die Idee des fliegenden Pizza-Kuriers könnte in der Zukunft auch für Lastentransporte aller Art wieder aufgegriffen werden. Man stelle sich vor, dass dann jeder Mensch ein Smartphone mit integriertem GPS auf sich trägt. Dieses sendet auf Anfrage von Berechtigten jederzeit die aktuellen Positionsdaten zurück. Hat also beispielsweise der Außendienstmitarbeiter seine Unterlagen in der Firma liegen lassen, so kann ihm die Sekretärin diese jederzeit nachsenden – per Quadrocopter versteht sich. Oder wenn die Tochter den Pausenapfel zu Hause vergessen hat, schickt die Mutter den Quadrocopter auf die Reise zur Schule. Mit im Gepäck ist dann der Apfel, welcher wiederum dort abgeladen wird.

Windgeschwindigkeitsprofile für Windkraftanlagen

Um den optimalen Standort für eine Windkraftanlage zu ermitteln, ist es hilfreich, über Informationen zu den Windgeschwindigkeiten zu verfügen. Eine mögliche Methode ist es hier, einen mit GPS ausgerüsteten Quadrocopter auf einer bestimmen Höhe waagerecht zu stellen, ihn vom Wind treiben zu lassen und dabei die auftretende Geschwindigkeit zu messen. Wenn man das auf verschiedenen Höhen und an unterschiedlichen Tagen im Jahr durchführt, kann man Windgeschwindigkeitsprofile erstellen und Windverteilungen erkennen. Daraus lässt sich schon vor dem Bau berechnen, wie groß der Ertrag der Windkraftanlage sein wird und ob sie sich rentabel betreiben lässt.

Erkennen von Schwachstellen und Defekten bei Brücken oder Betonbauten

Mittels spezieller Sensoren lassen sich bei Brücken oder Betonbauten Defekte wie beispielsweise Risse erkennen, welche nicht von bloßem Auge bemerkt werden. Diese treten aber oftmals auf Höhen oder an Orten auf, welche nur schwer zugänglich sind. In solchen Fällen kann ein Quadrocopter, welcher mit solchen Sensoren ausgerüstet ist, selbstständig die Bauten abfliegen. Bei allen kritischen Stellen kann er dann an Ort schweben und Messungen durchführen. Auf einem Monitor bei der Bodenstation können diese dann mitverfolgt werden. Ein Sachverständiger kann aufgrund dieser Messungen entscheiden, ob und in welcher Form eine Sanierung nötig wird.

Kooperierende Quadrocopter bauen ein Haus

Um Bauwerke zu erstellen, werden in erster Linie Bausteine und Beton verwendet. So kann ein Quadrocopter mit einer Maurerkelle ausgerüstet werden und ein zweiter mit einem Greifer, um Betonklötze zu fassen. Selbstverständlich sollten diese Betonklötze etwas kleiner sein, als diejenigen, welche man heute kennt. Die Nutzlast der Quadrocopter sollte ja berücksichtigt werden. Ein zentraler Steuerrechner hat die Pläne eines zu bauenden Hauses gespeichert. Nun erhalten die zwei oder auch noch mehr Quadrocopter vom Steuerrechner nacheinander die Befehle, ihre Bausteine und den Beton an ganz verschiedenen Stellen zu platzieren. Nach und nach kann dann so der Rohbau eines Hauses fertiggestellt werden.

Diese und andere Ideen scheinen heute noch reine Zukunftsmusik. Es gibt jedoch schon Veranstaltungen, bei welchen solche Systeme einzelne Bauelemente zu Kunstwerken aufeinanderstapeln. Es wird in der Zukunft aber wahrscheinlich so sein, dass die Quadrocopter nicht alle anfallenden Arbeiten übernehmen werden, sondern vielleicht nur einen Teil davon. In jedem Falle wird aber der Mensch immer derjenige bleiben, welcher die Steuerprogramme entwickelt und die Oberhand über die Technik behält.

6. Auslegung von Motoren und Propellern

Was bei einem Formel-1-Boliden der Reifen ist, ist beim Quadrocopter der Propeller. Der Reifen bringt das riesige Drehmoment des Motors auf den Asphalt. Das erzeugt eine Antriebskraft und damit auch eine Beschleunigung. Der Propeller erzeugt mithilfe der Luft die Schubkraft, welche wie in Kapitel 3 beschrieben ebenfalls für die Bewegung zuständig ist.

Niemand käme wohl auf die Idee, bei einem Formel-1-Boliden eine Dampfmaschine einzubauen und mit dieser, die hochgezüchteten breiten Reifen anzutreiben. Andererseits käme sicher auch niemand auf die Idee, ein altes Kutschenrad am Rennwagen zu montieren. Es ist vielmehr so, dass Motor, Reifen und Getriebe aufeinander abgestimmt sein müssen. Genau gleich verhält es sich beim Modellflug. Um ein einwandfreies Resultat zu erhalten, muss die richtige Motor- und Propellerkombination gewählt werden. Auch in diesem Kapitel wird etwas Theorie vermittelt. Sie ist als Hintergrund und Weiterführung zu den beiden schon weiter oben erwähnten Merksätzen zu verstehen:

Für Motoren mit 1.000 U/MinV gilt etwa:
Bei einem 30 g schweren Motor wählt man einen 8"×4"-Propeller im Direktantrieb, das ergibt 4×300 g Maximalschub bei 10 V.

Bei einem 60 g schweren Motor wählt man einen 10"×4"-Propeller im Direktantrieb, das ergibt 4×600 g Maximalschub bei 10 V.

6.1 Propellerauslegung

Einige später verwendete Grundbegriffe sollen zuerst erklärt werden.

Propellerdurchmesser D: der Durchmesser des Propellers, von Blattspitze zu Blattspitze gemessen.

Propellersteigung H: Da die Propellerprofile in sich verwunden sind, definieren die Hersteller die Steigung oftmals unterschiedlich. Als Faustregel nimmt man die Anstellung des Propellers bei 0,7×(D/2). Dann denkt man sich, dass man mit diesem Winkel eine komplette Umdrehung lang Butter schneidet. Der dabei zurückgelegte Weg des Propellers ist die Propellersteigung H.

Propellerfläche F: die Fläche, welche der drehende Propeller in Anspruch nimmt: $F = \pi/4 \times D^2$

Die umgesetzte Leistung ist auf ein Flugzeug bezogen gleich der Schubkraft x der Fluggeschwindigkeit, nach der Formel $P = F \times v$. Schnelle Kunstflugmodelle müssen also bei einer Fluggeschwindigkeit von vielleicht 150 km/h immer noch Schubkraft für den Figurenflug entwickeln können.

Auf der anderen Seite stehen die Slow- und Parkflyer. Diese fliegen im Vergleich sehr langsam. Bei Hallenflügen sieht man oft das „Torquen". Hierbei steht das Modell senkrecht in der Luft. Es hat dann keinen Flächenauftrieb zur Verfügung, sondern nur die Schubkraft des Propellers. Das Modell bewegt sich dabei nicht, die

Fluggeschwindigkeit ist also Null. Die Schubkraft wird in diesem Fall auch „Standschubkraft“ oder einfach „Standschub“ genannt. Streng genommen ist die umgesetzte Leistung in Bezug auf das Modell dann ebenfalls Null. (Standschubkraft x 0 = 0).

Die Quadrocopter gehören so gesehen eher in die Kategorie der Slow- und Parkflyer. Auch bei ihnen ist der Schwebeflug eine häufige Flugsituation. Es ist klar, dass die Propeller für die unterschiedlichen Anwendungsfälle auch ganz unterschiedlich ausgeführt sein müssen.

Propeller für schnelle Kunstflieger haben im Vergleich zu den Slowflyer-Propellern bei gleicher Leistung meistens einen kleineren Durchmesser D bei einer größeren Steigung H. Um dies erklären, kann man sich der sogenannten Strahltheorie bedienen. Es wird dort angenommen, dass der Propeller die Luft auf der ganzen Propellerfläche F gleichmäßig ansaugt. Damit der Kunstflieger bei den angenommen 150 km/h immer noch Schub erzeugt, muss der Luftstrahl logischerweise schneller sein als das Modell selbst. Dies setzt eine große Propellersteigung H voraus. Ein Slowflyer oder ein Quadrocopter benötigt keine große Strahlgeschwindigkeit, da er oft im Schwebeflug betrieben wird, die Steigung ist klein. Für dieselbe Leistung kann dafür der Propellerdurchmesser D etwas größer ausgeführt werden. Es gelten als Faustregeln:

Schnelle Kunstflugmodelle: Verhältnis Steigung zu Durchmesser H/D = 0,7 ... 1,0

Slowflyer oder Quadrocopter: Verhältnis Steigung zu Durchmesser H/D = 0,3 ... 0,7

Die in den Merksätzen früherer Kapitel angegebenen 8“×4“- oder 10“×4“-Propeller gehören mit H/D = 0,5 bzw. 0,4 also eindeutig in die Sparte „Slowflyer“ oder eben „Quadrocopter“. Sie sind auf „Standschub“ und nicht „Geschwindigkeit“ ausgelegt.

Spezifischer Schub

Für die Schubkraft sowie die benötigte Leistung können mithilfe der Strahltheorie Formeln hergeleitet werden. Es sollen hier nur die Resultate dargestellt werden. Ausführlichere Berechnungen sind in der Quelle „Der Standschub von Propellern und Rotoren“ zu finden.

$$S = \sqrt[3]{2 \cdot \rho \cdot F \cdot (\xi \cdot \eta \cdot P)^2}$$

oder

$$P = \frac{1}{\xi \cdot \eta} \cdot \sqrt{\frac{S^3}{2 \cdot \rho \cdot F}}$$

ξ: Propellerwirkungsgrad, 0,5 ist der Wert für einen durchschnittlichen Modellbaupropeller
η: Motorwirkungsgrad, es wird hier 0,7 angenommen
ρ: Dichte der Luft, 1,24 kg/m^3
F: Propellerfläche, wie oben definiert $F = \pi/4 \times D^2$

In Kapitel 2.5 wurde bei der Auslegung der LiPo-Akkus mit einem Überschlagswert von 100 W benötigter elektrischer Leistung pro kg Schwebemasse gerechnet. Danach kann also jedes Watt Leistung 10 g Masse in die Luft befördern. Der sogenannte spezifische Schub berechnet sich also zu 10 g/W oder technischer mit der Einheit „Newton“ ausgedrückt: S/P = 0,1 N/W. Die Einheitenproblematik „Gramm“ und „Newton“ wurde in Kapitel 3.1 behandelt. Dieser Wert kann jetzt etwas genauer unter die Lupe genommen werden.

1. Beispiel: *Mit obigen Formeln kann berechnet werden, wie groß der spezifische Schub tatsächlich ist. Es werden Systeme mit 8“-, 10“- oder 12“-Propellern berechnet. Als Beispiel wird ein 800-g-Quadrocopter genommen. Dafür wäre ein 8“-Propeller zwar etwas knapp, man erinnere sich, dass damit maximal etwa 4×300 g Schub erzeugt wird, aber schweben könnte man so immer noch. S muss in Newton ausgedrückt* *werden, 800 g entsprechen 8 N. Da insgesamt vier Propeller gemeinsam beteiligt sind, ist die Fläche total 4×π/4×D². D muss in der Einheit „Meter" vorliegen. Ein 8"-Propeller hat einen Durchmesser von 8×0,0254 m = 0,2032 m. Bei einem 10"-Propeller beträgt der Wert 0,254 m und bei einem 12"-Propeller 0,3048 m.*

Die Berechnung mit der Formel für die Leistung fördert Interessantes zutage:
8"-Propeller: P = 113 W; S/P = 8 N/113 W = 0,071 N/W oder 7,1 g/W
10"-Propeller: P = 90,5 W; S/P = 8 N/90,5 W = 0,088 N/W oder 8,8 g/W
12"-Propeller: P = 75,4 W; S/P = 8 N/75,4 W = 0,106 N/W oder 10,6 g/W

Der früher angenommene Wert von 10 g/W ist also nicht weit von diesen Zahlen entfernt. Offenbar wird der Quadrocopter jedoch energetisch besser, je größer die Propeller sind. Benötigen vier 8"-Propeller noch 113 W, um die 800 g anzuheben, werden die 12"-Propeller nur noch 75 W benötigen. In der Praxis werden 12"-Propeller aber auch mit größeren Motoren angetrieben. Sie sind also schwerer. Der größere spezifische Schub macht sich dann durch die Tatsache bemerkbar, dass man für einen schwereren Quadrocopter mit größeren Propellern einen ähnlich großen Akku benötigt, wie für einen kleineren.

Selbstverständlich gilt diese Erkenntnis für den gesamten Flug(modell)bau. Sie ist auch dafür verantwortlich, dass ein Hubschrauber eben sehr große Rotorblätter besitzt. An dieser Stelle möge man kurz innehalten: „Sind Quadrocopter, welche sich kleiner 8"- bis 12"-Propellerchen bedienen, im Vergleich zu Modellhubschraubern etwa eine Fehlkonstruktion, was den spezifischen Schub betrifft?", könnte man sich fragen. „im Prinzip ja", lautet eigentlich die Antwort. Da die erhältlichen BL-Außenläufer aber für Direktantriebe solcher Propeller ausgelegt sind, wird die Mechanik einfach, und es entfällt auch ein Getriebe. So bleibt der Wirkungsgrad hoch und man kann mit normal großen Akkus trotzdem mit Hubschraubern vergleichbare Flugzeiten von 10 bis 30 Minuten erreichen.

6.2 Größerer Propeller mit Getriebe

Um einen Quadrocopter mit größerem spezifischen Schub zu realisieren, soll hier die komplette Auslegung für die Verwendung eines 20"-Propellers eines Koaxialhubschraubers dargestellt werden. Der Durchmesser D beträgt 0,508 m. Gleich wie beim Beispiel kann damit die Schwebeleis-

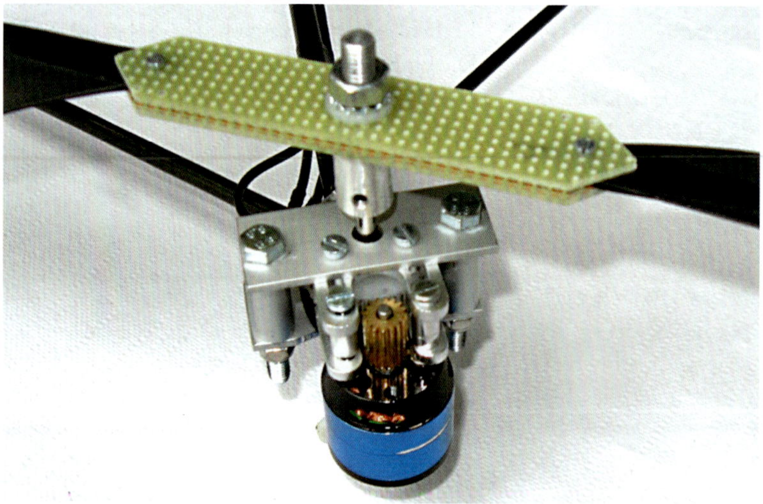

Abbildung 69: 60-g-Motor, Getriebe 16/50, 50-cm-ø-Propeller eines Koax-Hubschraubers

tung und der spezifische Schub für ein 800-g-Modell berechnet werden.

20"-Propeller: P = 45,2 W; S/P = 8 N/45,2 W = 0,177 N/W oder 17,7 g/W

Verglichen mit dem 8"-Propeller ist die benötigte Leistung um den fast sagenhaften Faktor 2,5 kleiner! Um diesen Propeller anzutreiben, würde man jetzt gerne auf die ganz normalen BL-Außenläufer zurückgreifen. Dazu muss in der Folge ein Getriebe ausgelegt werden.

Eine typische Getriebeauslegung ginge über die gewollte Maximalleistung bei einer bestimmten Maximaldrehzahl. Man könnte diese dann mit der Maximaldrehzahl von einer Standardkombination 60-g-Motor und 10"-Propeller vergleichen und die Übersetzung entsprechend bestimmen. Diese Methode ist hier nur bedingt aussagekräftig, weil noch etwas anderes, viel Wichtigeres berücksichtigt werden muss: das Trägheitsmoment des Propellers.

Da die Regelung des Nick- und Rollwinkels über die Drehzahl realisiert wird (vgl. Kapitel 4), muss unbedingt darauf geachtet werden, dass der Motor über das Getriebe dasselbe (lieber kleinere, sicher nicht größere) Trägheitsmoment sieht, wie bei der Standardkonfiguration 60-g-Motor und 10"-Propeller. Nur so ist die Motor-/Propellerkombination genügend schnell.

Das Trägheitsmoment eines Propellers berechnet sich etwas vereinfacht wie dasjenige eines Stabes mit:

$$J = \frac{1}{12} \cdot m \cdot D^2$$

Ein Standard 10"-Propeller (D = 0,254 m) hat eine gewogene Masse von 17 g, diejenige des 20"-Propellers (D = 0,512 m) mit den Blättern eines Koaxialhubschraubers beträgt 40 g. Die beiden Trägheitsmomente berechnen sich zu 93×10^{-6} kgm² und 874×10^{-6} kgm². Das Trägheitsmoment des 20"-Propellers ist also rund 9,4mal größer. Getriebe übersetzen das Trägheitsmoment nicht linear, sondern quadratisch. Damit der Motor also beim 20"-Propeller dasselbe Trägheitsmoment sieht, muss das Quadrat der Untersetzung gleich 9,4 sein. Es ergibt sich so ein Getriebe von mindestens 3,07:1 (3,07 ist die Quadratwurzel aus 9,4).

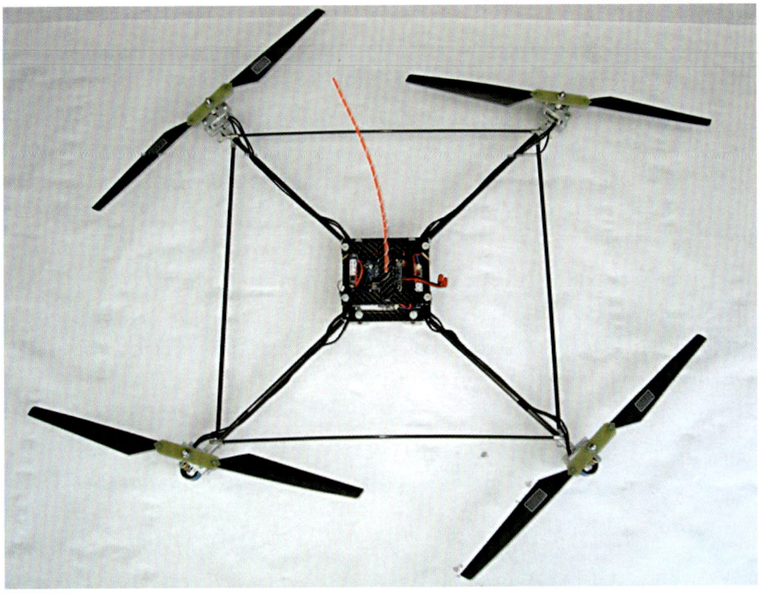

Abbildung 70: Quadrocopter mit 80 cm Achsabstand und 20"-(50 cm)-Rotorblättern

Dieser Quadrocopter ist wegen des Getriebes zwar etwas schwerer, schwebt jedoch mit demselben Akku länger als einer mit 8"- oder 10"-Propellern.

6.3 Motorauslegung

In allen Formeln des letzten Kapitels fehlt die Drehzahl, also die Grösse „Umdrehungen pro Minute", mit der Abkürzung n.

Um n ebenfalls in die Berechnung einzufügen, wird mit sogenannten Beiwerten gearbeitet. Die wichtigsten sind der Schubbeiwert C_T und der Leistungsbeiwert C_P. Diese Werte sind auch mit dem schon oben eingeführten Propellerwirkungsgrad ξ verknüpft und zwar über folgende Formel aus der Quelle „Der Standschub von Propellern und Rotoren":

$$\xi = \sqrt{\frac{2}{\pi}} \cdot \sqrt{\frac{{C_T}^3}{{C_P}^2}}$$

Über Propellerwirkungsgrade und Beiwerte kann man Messreihen und weitere theoretische Betrachtungen durchführen, sie sind wiederum in der Quelle „Der Standschub von Propellern und Rotoren" ausgeführt. Für die weiteren Berechnungen mit einem typischen Slowflyer- oder Quadrocopterpropeller in den Größen von 8" bis 12" und dem Verhältnis Steigung zu Durchmesser H/D von 0,4 bis 0,5 sollen jedoch etwa die folgenden Werte gelten:

$\xi = 0{,}5$; $C_T = 0{,}085$ und $C_P = 0{,}04$

Unter Verwendung dieser Werte können nun der Standschub und die Leistung auch mithilfe der Drehzahl berechnet werden. Die Formeln aus Quelle gelten jeweils für einen Propeller.

$$S = C_T \cdot \rho \cdot \left(\frac{n}{60}\right)^2 \cdot D^4$$

und

$$P = C_P \cdot \rho \cdot \left(\frac{n}{60}\right)^3 \cdot D^5$$

*2. **Beispiel:** Für einen Quadrocopter mit 10"×4"-Propeller und der Drehzahl 4.000 U/Min sollen der Schub und die Leistung berechnet werden. Setzt man D = 0,254 m, ρ = 1,24 kg/m³ ,C_T = 0,085 und C_P = 0,04 ein, so ergibt sich als totaler Schub 4×2,01 N = 8,04 N. Mit dieser Drehzahl können also etwa 800 g in der Schwebe gehalten werden. Die Leistung P wird nach obiger Formel 4×16,15 W = 64,6 W. Es handelt sich hierbei aber um die Propellerleistung. Möchte man die Gesamtleistung der Motoren berechnen, muss dieser Wert noch durch den Motorwirkungsgrad η geteilt werden. Wird dieser wie im 1. Beispiel zu 0,7 angenommen, ergibt sich 92 W. Dieser Wert ist leicht höher als dort (vgl. 90,5 W), aber der Schub ist wegen der Verwendung einer „runden" Drehzahl ebenfalls höher, ausserdem sind auch die Werte C_T und C_P etwas gerundet. Der Strom, welcher in diesem Fall fließt, berechnet sich für einen dreizelligen Lipo-Akku zu 92 W/11,1 V = 8,3 A.*

*3. **Beispiel:** Für denselben Quadrocopter soll nun der Maximalschub berechnet werden. Nimmt man an, dass der Motor 1.000 U/MinV macht, und maximal 10 V anliegen, dann ist die Maximaldrehzahl 10.000 U/Min. Setzt man diese Zahlen ein, so ergibt sich ein Maximalschub von 50 N oder 5.000 g. Dieser Wert ist etwa doppelt so hoch, wie in den Merksätzen weiter oben angegeben, dort ist nur von 4×600 g = 2.400 g die Rede. Tatsächlich bringt der Motor bei den angelegten 10 V nicht mehr 10.000 U/Min. Wegen des hohen Stromes und bei einigen Systemen auch wegen der softwaremäßigen Begrenzung bleibt er etwa bei 6.000-7.000 U/Min stehen. Wird der Wert 7.000 U/Min in die Formeln eingesetzt, ergibt sich für den Maximalschub 4×6,16 N = 24,64 N oder 2.464 g. Die elektrische Leistung der Motoren mit dem eingerechneten Wirkungsgrad wird zu 4×123,5 W = 494 W. Der Maximalstrom berechnet sich für einen dreizelligen Lipo-Akku zu 494 W/11,1 V = 44.5 A.*

Für die Schub- und Leistungsformeln kann noch ein interessanter Merksatz gefunden werden:

Der Schub ändert sich mit dem Quadrat der Drehzahl, währenddessen sich die benötigte Leistung mit der dritten Potenz der Drehzahl ändert.

Anders ausgedrückt: je höher die Drehzahl, desto kleiner wird der spezifische Schub, da die Leistung dann stärker anwächst als der Schub.

4. Beispiel: *Für das 2. und 3. Beispiel (gleiche Motoren und Propeller, mit 4.000 U/Min bzw. 7.000 U/Min betrieben) soll jeweils der spezifische Schub berechnet werden.*
Für das 2. Beispiel wird S/P = 8,04 N/92 W = 0,087 N/W oder 8,7 g/W
Für das 3. Beispiel wird S/P = 24,64 N/494 W = 0,050 N/W oder 5 g/W
Der Merksatz wird also bestätigt.

Die Motorenmasse ist ein Maß für die Leistung. Motoren der 30-g-Gewichtsklasse sollten für eine Maximalleistung von höchstens etwa 75 W, 60 g schwere Motoren für höchstens etwa 150 W ausgelegt werden. Für die obigen Beispiele sollten also 60 g Motoren verwendet werden. Da jedoch meist nur die „Schwebeleistung" vom 2. Beispiel benötigt wird, sind sie mit 92 W/4 = 23 W Dauerleistung stark überdimensioniert. Einerseits ist der Rest Reserve, man denke da an das früher diskutierte Schub-Gewichtsverhältnis von 3:1. Andererseits sind die Motoren aufgrund der Außenmontage meist komplett im Propellerluftstrom. Ganz im Gegensatz zum Einsatz in Modellflugzeugen, bei welchen sie oft mit der Maximalleistung betrieben werden, werden sie deshalb hier im Flug meist nur handwarm.

6.4 Drei- oder Vierblattpropeller

Für die Verwendung der Drei- oder Vierblattpropeller stellt die Quelle „Der Standschub von Propellern und Rotoren" ebenfalls Merksätze zur Verfügung.

Für einen Dreiblattpropeller vergrößert sich der Schub bei gleicher Drehzahl etwa um den Faktor 1,4 und die Leistung etwa um den Faktor 1,6, verglichen mit dem Zweiblattpropeller gleicher Bauart.

Für einen Vierblattpropeller vergrößert sich der Schub bei gleicher Drehzahl etwa um den Faktor 1,8 und die Leistung etwa um den Faktor 2,2, verglichen mit dem Zweiblattpropeller gleicher Bauart.

Es gibt nur sehr wenige Quadrocopter, welche nicht mit Zweiblattpropellern angetrieben werden. Der Grund dafür ist hier zu finden. Gleichgültig, ob man Dreiblatt- oder Vierblattpropeller verwendet; immer wächst die benötigte Leistung stärker (um 1,6 bzw. 2,2) an als der erzeugte Schub (um 1,4 bzw. 1,8). Solche Propeller sind also bei gleichem Durchmesser immer ineffizienter als die Zweiblattpropeller.

6.5 Leistungs- und Schubmessung

Irgendwann steht der fertige Quadrocopter vor einem und man möchte gerne wissen, wie groß der Schub und die benötigte Leistung tatsächlich sind. Es ist mit einem Voltmeter und einer normalen Küchenwaage möglich, beide Messungen vorzunehmen.

In den vorherigen Kapiteln wurde immer die Gesamtleistung berechnet. Da der Verbrauch der Steuerelektronik im Vergleich zu den Motoren gering ist, kann die Leistung direkt am Akku gemessen werden. Die Spannungsmessung stellt hier kein Problem dar. Die Ströme, welche im Bereich zwischen 5-50 A liegen, können jedoch nicht mehr mit handelsüblichen Multimetern gemessen werden, da diese selten für mehr als 10 A ausgelegt sind. Ein Shuntwiderstand von 0,01 Ω, in Serie zwischen Akku und Steuerelektronik, ist hier die Lösung. Bei einem Stromfluss von 20 A werden dann an dessen Klemmen 20 A×0,01 Ω = 0,2 V gemessen. Der Spannungsabfall ist im

Abbildung 71: Schubmessung mit einer Küchenwaage, Strommessung mit einem Shunt. Es fliesst hier der Strom 0,176 V/0,01 Ω= 17,6 A

Vergleich zu den über 10 V des Akkus nur minimal und verfälscht die Messung nur geringfügig. Der Shunt sollte schon für ein paar Watt ausgelegt sein, sonst wird er bei den hohen Strömen verheizt. Ein 3S-Lipo-Akku liefert dann bei 20 A Stromfluss die Leistung 20 A×11,1 V = 222 W.

Da die Mitte des Quadrocopters keinen Auftrieb erzeugt, kann er problemlos auf eine Küchenwaage gelegt und etwas beschwert werden. Man muss nur darauf achten, dass kein Propeller auf die Waage bläst, sonst werden die Resultate verfälscht. Der Gewichtsunterschied zwischen Vollgas und Stillstand ist dann der Maximalschub. Wenn möglich sollte etwa ein Propellerdurchmesser Abstand zum Boden gehalten werden, weil der gemessene Schub sonst wegen des Bodeneffektes etwas zu hoch ausfällt.

6.6 Erkenntnisse in Kurzform

Wie bei den vorherigen Kapiteln folgen auch hier die wichtigsten Erkenntnisse in Kurzform.

Für Quadrocopter werden dieselben Propeller eingesetzt wie für Slowflyer. Das Verhältnis Steigung zu Durchmesser H/D liegt meistens zwischen 0,4 und 0,5.

Der spezifische Schub steigt mit größerem Propellerdurchmesser. Quadrocopter mit kleinen 8"- oder 10"- Propellern erreichen nur deshalb ansprechende Flugzeiten, weil sie mit BL-Außenläufermotoren im Direktantrieb betrieben werden können.

Je schneller der Propeller dreht, desto kleiner wird der spezifische Schub, da die Leistung mit der dritten Potenz, der Schub aber nur mit der zweiten Potenz der Drehzahl ansteigt.

30 g schwere Motoren sollten auf eine Maximalleistung von höchstens 75 W, 60 g schwere Motoren auf eine Maximalleistung von höchstens 150 W ausgelegt werden. Für Motoren mit anderen Gewichten verändert sich die Maximalleistung etwa proportional.

7. Tri-, Hexa-, Octocopter, allgemein Multicopter

Die meisten fliegenden Multirotor-Systeme sind mit vier Propellern ausgestattet. Doch es gibt andere Bauformen mit weniger oder mehr Rotoren. Um allgemein zu bleiben, werden sie dann jedoch nicht mehr Quadrocopter genannt, sondern eben Multicopter. Erstere haben ja die Zahl „vier“ im Namen. Die Multicopter weisen gegenüber den Quadrocoptern verschiedene Vor- und Nachteile auf. Diese zu besprechen, soll Gegenstand des vorliegenden Kapitels sein.

Abbildung 72: Tricopter mit Alurahmen und Kamerahalterung (Foto: Karl-Heinz Wolf)

7.1 Tricopter

Stellt man einmal die Frage, wie viele drehzahlgesteuerte Propeller eigentlich nötig sind, um ein Fluggerät stabil in der Luft zu halten, so lautet die Antwort: drei.

Bei ungeraden Propellerzahlen kann dann aber nicht die gleiche Anzahl links- und rechtsdrehender Luftschrauben verwendet werden. Das Drehmoment um die Hochachse muss also auf eine andere Weise kompensiert werden. Die Tricopterbauer verwenden dann meistens von vornherein nur rechtsdrehende Propeller. Da diese im Modellbau zum Standardsortiment gehören, sind sie in einer viel größeren Auswahl auf dem Markt vorhanden. Man ist ja dann nicht darauf angewiesen, einen Propeller zu wählen, welchen es in der rechts- und links-drehenden Ausführung gibt.

Die Konsequenz daraus ist, dass ein Motor schwenkbar ausgeführt sein muss. Durch eine Verdrehung in der Horizontalachse kann so die Kompensation des Gier-Drehmoments oder wenn gewünscht auch eine Drehung um die Gier-Achse erreicht werden. Der Trikopter auf den Abbildungen 72 und 73 wurde von Karl-Heinz Wolf gebaut.

Auch die Regelung des Winkels φ in der Nick- und Roll-Achse gestaltet sich etwas komplizierter. Die beiden Achsen sind jetzt nicht mehr entkoppelt. Man stelle sich vor, dass der eine schwenkbare Ausleger beim Modell hinten ist. Dann sind die beiden anderen Ausleger vorne oder eigentlich vorne rechts und vorne links. Um die Nick-Achse auszuregeln, müssen also vorne beide Motoren arbeiten, während es hinten nur ein Motor ist. Bei der Regelung der Roll-Achse arbeiten dann die Motoren vorne links und vorne rechts.

Die beiden vorderen Ausleger haben also eine Doppelfunktion, sie müssen gleichzeitig die Nick- und die Roll-Achse stabilisieren. Für die Regelung der Nick-Achse erzeugen beide gleichzeitig mehr oder weniger Schub (gleichsinnige Schuberzeugung), währenddessen bei der Regelung der Roll-Achse jeweils ein Motor mehr

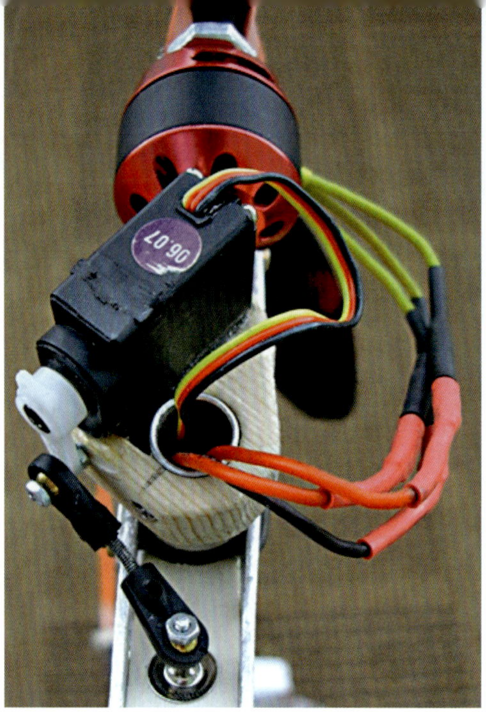

Abbildung 73: Schwenkbarer Ausleger (Foto: Karl-Heinz Wolf)

Schub erzeugt und der andere weniger (gegensinnige Schuberzeugung). Selbstverständlich ist auch das mit einer programmierbaren Steuerelektronik problemlos realisierbar.

Die Abbildungen 74 und 75 zeigen einen weiteren Tricopter von William Thielicke mit einem schwenkbaren Ausleger. Der Rahmen und die Ausleger wurden hier sehr formschön mit Carbon realisiert.

Vorteile des Tricopters:

- *es werden nur drei Motoren, Propeller, Ausleger und BL-Regler benötigt, was eine entsprechende Preisreduktion bedeutet.*
- *es können rechtsdrehende Propeller verwendet werden, ihre Auswahl ist viel größer.*

Nachteile des Tricopters:

- *eine Achse muss schwenkbar ausgeführt werden.*
- *die Regelung ist etwas komplizierter, da die Nick- und Roll-Achse nicht mehr entkoppelt sind.*

Abbildung 74: Tricopter mit Karbonauslegern (Foto: William Thielicke)

Abbildung 75: Schwenkbarer Ausleger (Foto: William Thielicke)

Abbildung 76: Y6-Copter

7.2 Y6-Copter

Das System, welches in Abbildung 76 dargestellt wird, ist eigentlich auch ein Tricopter. Es hat ja ebenfalls drei Ausleger. Der Unterschied zu den in Kapitel 7.1 dargestellten klassischen Tricoptern ist, dass es nicht nur aus drei, sondern aus insgesamt sechs Antriebskombinationen besteht. „Y" steht für „drei Ausleger" und „6" steht für „sechs Motoren und Propeller". Wie das Bild zeigt, ist bei jedem Ausleger oben und unten jeweils ein links- und ein rechtsdrehender Propeller montiert.

Die Regelung der Nick- und Roll-Achse funktioniert gleich, wie oben erklärt. Die beiden Propeller auf derselben Achse drehen im Normalfall jeweils gleich schnell. Damit wird das Drehmoment auf der Hochachse kompensiert und ein schwenkbarer Ausleger entfällt. Um ein Drehmoment und damit eine Drehung um die Hochachse zu erzeugen, müssen die oberen und unteren Motoren einer Achse einfach mit einer unterschiedlichen Drehzahl betrieben werden.

Die unteren Propeller sind bei diesem System etwas anfällig bei der Landung. Als zusätzlicher Nachteil muss gewertet werden, dass der in Kapitel 7.1 beschriebene Preisvorteil der Tricopter nicht mehr gilt. Es werden ja sogar mehr Motoren benötigt als bei einem Quadrocopter.

Trotzdem wird die Y6-Konfiguration manchmal so gebaut. Das im Bild gezeigte System besitzt Propeller aus Kohlefaser. Diese weisen eine hohe Festigkeit bei geringem Gewicht auf. Mit dem kleinen Massenträgheitsmoment ist eine sehr dynamische Regelung möglich.

7.3 Hexacopter, Octocopter

Viele technische Systeme sind aus Sicherheitsgründen redundant aufgebaut. Das bedeutet, dass einzelne Komponenten ausfallen können, ohne die Gesamtfunktion zu beeinträchtigen. Hexa- und Octocopter sind ein hervorragendes Beispiel dafür.

Falls beim Quadrocopter ein BL-Motor oder

Abbildung 77: Hexacopter mit Kamerahalterung (Foto: Johannes Thor)

Abbildung 78: Octocopter (Foto: Melanie Plischka)

-Regler im Flug ausfällt, sackt dessen Ausleger unweigerlich ab und ein Überschlag ist die fatale Folge. Auch eine beim Hubschrauber oft gesehene und demonstrierte Autorotation gibt es hier nicht. Das für die Regelung lebenswichtige kleine Massenträgheitsmoment der Propeller ist in diesem Falle gerade ein Nachteil.

Diese Ausfälle sind zwar sehr selten und, wenn sie geschehen, fast immer auf eine falsche Kombination von Motor und Propeller zurückzuführen. Dass ein Kamerapilot, welcher einen schweren und teuren Fotoapparat durch die Gegend schweben lässt, vor diesem Schreckensszenario Angst hat, ist jedoch verständlich.

Aus diesem Grund werden auch Hexacopter mit sechs oder Octocopter mit acht Propellern gebaut.

Die Abbildungen 77 und 78 zeigen die Hexa- und Octocopter von Peter Plischka. Beim Hexacopter ist auch sehr schön die unten montierte Kamera zu sehen. So können Bilder aus allen Perspektiven ohne störende Propeller erzeugt werden. Das Landegestell bietet hier auch Schutz vor Zerstörung.

Wie viele Motoren tatsächlich ausfallen dürfen, um das Modell noch sicher landen zu können, hängt auch davon ab, ob diese alle auf derselben Seite ausfallen oder ob die Ausfälle „symmetrisch" geschehen. In jedem Falle sollte aber eine einigermaßen sichere Landung noch möglich sein, wenn ein Motor ausfällt.

Abgesehen von der Redundanz erzeugen die Hexa- und Octocopter total auch 6/4 = 1,5 bzw. 8/4 = 2 Mal mehr Schub als die Quadrocopter. Dieser Vergleich ist selbstverständlich nur unter der Voraussetzung zulässig, dass gleiche Motoren und Propeller verwendet werden.

Vorteile des Hexa- bzw. Octocopters:

- *Durch die redundante Ausführung der Motoren und Propeller kann im Flug meistens mindestens ein Motor ausfallen, ohne dass der Copter Schaden erleidet.*
- *Mit denselben Motoren und Propellern wird im Total mehr Schub erzeugt als beim Quadrocopter.*

Nachteile des Hexa- bzw. Octocopters:

- *die größere Anzahl Motoren, Propeller, Ausleger und BL-Regler bedeutet einen entsprechenden Mehrpreis.*
- *da mehr Komponenten benötigt werden, sind auch der Bau, die Inbetriebnahme und die Wartung aufwändiger.*

Propeller Anordnungen bei Hexa- und Octocoptern

In Kapitel 1 wurde von der „+"- und „x"-Konfiguration gesprochen. Diese wird in der Abbildung 79 noch einmal dargestellt. Dabei ist „vorne" mit der Andeutung eines grünen Pfeils gekennzeichnet. Wie daraus ersichtlich ist, stellen die Ausleger des Quadrocopters ein „+" oder ein „x" dar. Bei der noch größeren Anzahl von drehenden Propellern bei den Hexa- oder Octocoptern kann man sich viele verschiedene Mög-

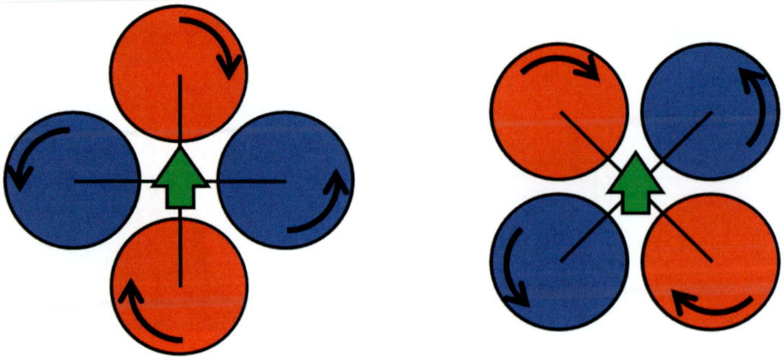

Abbildung 79: „+"- und „x"-Anordnung bei Quadrocoptern

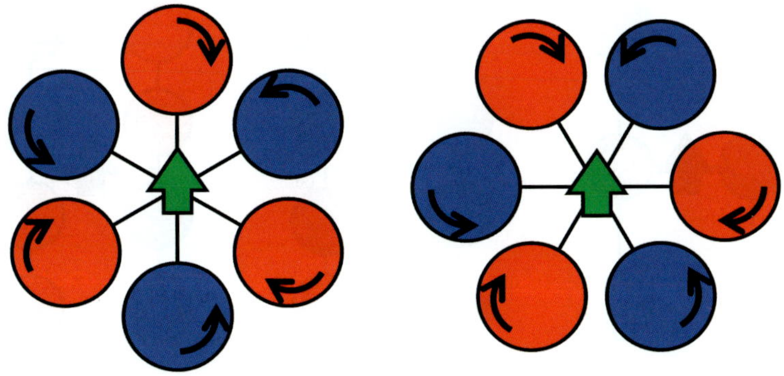

Abbildung 80: Ringförmige Propelleranordnung bei Hexacoptern

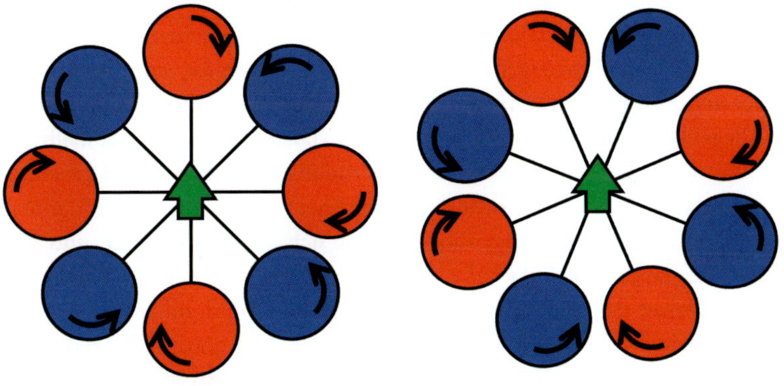

Abbildung 81: Ringförmige Propelleranordnung bei Octocoptern

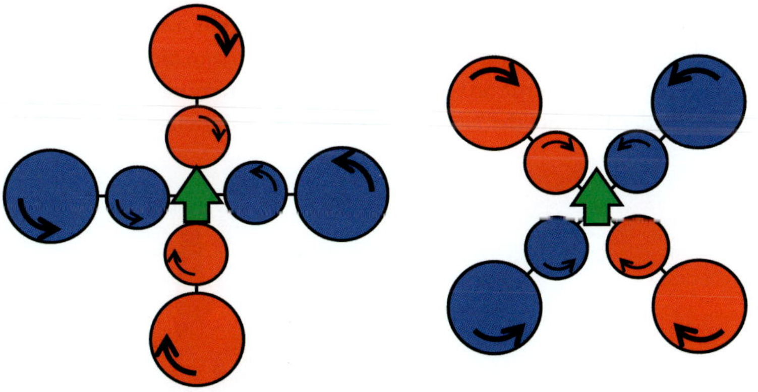

Abbildung 82: Weitere Möglichkeiten für die Propelleranordnung bei Octocoptern

lichkeiten vorstellen, wie diese angeordnet sein können.

Abbildung 80 zeigt eine mögliche Anordnung der Propeller bei einem Hexacopter. Diese sind hier ringförmig angeordnet und jeder Ausleger ist mit der Mitte verbunden, in welcher meistens die Steuerelektronik sitzt. Grundsätzlich wäre es auch möglich, dass die Motoren auf einem äußeren Kohlefaserring sitzen und nur drei oder vier Ausleger diesen mit der Mitte verbinden. Es wird jetzt wieder unterschieden, ob der Pfeil, welcher die Front bezeichnet, in die

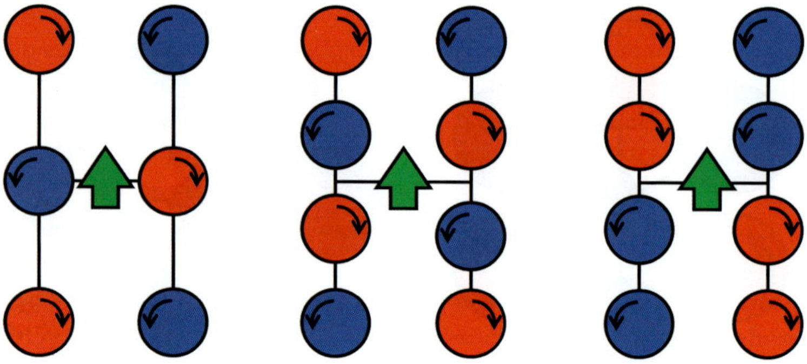

Abbildung 83: „H"-Anordnung bei Hexa- und Octocoptern

Richtung eines Auslegers zeigt oder ob er in die Richtung zwischen zwei Ausleger zeigt. Hier wird es bereits etwas schwierig, das entweder als „+"- oder als „x"-Anordnung zu bezeichnen, da die Ausleger keines dieser Zeichen beschreiben. Man könnte das linke Teilbild auch als „I"-Anordnung und das rechte als „V"-Anordnung bezeichnen. Man darf diese Bezeichnungen aber auch auf sich bewenden lassen und einfach die Bilder sprechen lassen. Damit das Drehmoment um die Hochachse wieder kompensiert werden kann, müssen insgesamt je drei links- und rechtsdrehende Propeller montiert sein. Diese werden dann in der Drehrichtung abwechselnd platziert.

Abbildung 81 zeigt dasselbe mit ringförmig angeordneten Propellern von Octocoptern. Auch hier zeigt der Pfeil bei der einen Anordnung in Richtung eines Auslegers und bei der anderen zwischen zwei Ausleger. Da 2×4 bekanntlich 8 ergibt, sind Octocopter ja eigentlich auch zweimal Quadrocopter. Etwas weniger häufig werden in der Praxis deshalb auch Anordnungen nach der Abbildung 82 gebaut.

Hier sitzen dann auf einem Ausleger gleich zwei Motoren und Propeller. So kann man bei der Rahmenstruktur etwas Gewicht einsparen und außerdem ist hier auch die „+"- und „x"-Anordnung wieder schön ersichtlich. Aus geometrischen Gründen können die inneren Motoren und Propeller auch etwas kleiner ausgeführt sein als die äußeren. Bei der Regelung können dann die Motoren gleich wie bei den Quadrocoptern angesteuert werden. Die beiden Antriebe auf derselben Achse erhalten dann jeweils dasselbe

Abbildung 84: Flugbild eines Octocopters in „H"-Anordnung

Steuersignal. Es zeigt sich bei einer genaueren Betrachtung mit diesem System jedoch schon, dass die gesamte Größe des Systems nicht optimal in Propellerfläche umgesetzt werden kann. Die inneren Propeller nehmen schon etwas Platz weg und zwischen den äußeren gibt es dann größere Leerflächen.

Hexa- und Octocopter werden manchmal auch in der sogenannten „H"-Anordnung nach der Abbildung 83 gebaut. Hierbei sind alle Antriebe auf zwei Seiten der Länge nach angeordnet. Mit etwas Fantasie kann man dabei den Buchstaben „H" erkennen. Auch hier werden die Propeller typischerweise abwechselnd links- und rechtsdrehend montiert. Abbildung 84 zeigt einen solchen Octocopter im Flug. Dabei wurde die Propelleranordnung in der Abbildung 83 rechts ausgewählt. Je zwei nebeneinanderliegende Propeller weisen dieselbe Drehrichtung auf und deren Motoren werden auch mit denselben Signalen angesteuert.

In der Praxis sind die am häufigsten gebauten Multicopter die Quadrocopter, gefolgt von den Octocoptern für größere Lasten. Etwas weniger häufig kommen die Hexacopter vor und noch weniger häufig die Tricopter. Man muss dabei bedenken, dass der Aufwand für den Bau eines Multicopters mit der Anzahl Propeller steigt. Deshalb sind Systeme mit zwölf, sechzehn oder noch mehr Propeller zwar auch denkbar, sie werden aber meistens nur als einzelne Experimentalmodelle gebaut.

8. Semi-Scale-Modelle, Depronaufbauten

Damit die Orientierung in der Luft besser sichtbar wird, können die Modelle mit Aufbauten versehen werden. Bei den Modellflugzeugen ist der Rumpf für den richtigen Sitz der Tragflächen verantwortlich, es gilt also: „Form follows function" beziehungsweise die „Form folgt der Funktion".

Dies gilt bei den hier gezeigten Modellen nicht, da die tragenden Teile bei ihnen entweder aus Carbon oder Aluminium bestehen. Die Aufbauten aus Depron, lackiertem Papier oder bespanntem Carbon haben keine spezielle Funktion. Sie sind eigentlich nur Ballast. Gerade das kann aber interessant sein. Der Fantasie sind nämlich auch wegen dieses Umstands gar keine Grenzen gesetzt. In diesem Kapitel wird zwischen den Semi-Scale- und den Depron-Modellen unterschieden.

8.1 Semi-Scale-Modelle

Um Semi-Scale-Modelle zu bauen, bedarf es einer ganz entscheidenden Voraussetzung: es muss dann auch Vorbilder zu diesen Modellen geben. Und es gibt sie tatsächlich, die ganz wenigen manntragenden Quadrocopter, welche in der Realität auch gebaut oder wenigstens geplant wurden.

Erste Erfindungen und Entwicklungen

Als erster Quadrocopter gilt der Oehmichen No.2. Etienne Oehmichen startete 1922 mit diesem wohl ersten manntragenden Senkrechtstarter. Vier waagerechte Propeller sorgten wie auch bei den heutigen Systemen für den Auftrieb. Die Taumelscheibe war noch nicht erfunden, somit mussten alternative Möglichkeiten gefunden werden, um variable Rotor-Pitches einzustellen. Dazu waren die Rotoren beim Oehmichen No.2 elastisch und konnten mit Seilzügen verformt werden. Weiter gab es auch kleinere senkrechte Propeller, welche einerseits für den Vortrieb sorgten und andererseits zum Ausgleich des Drehmoments um die Hochachse dienten. Diese Erfindung wurde später bei der Entwicklung des Heckrotors von Hubschraubern wieder aufgenommen.

In den folgenden Jahren wurde es dann ruhig um die Quadrocopter, da die Entwicklung der Hubschrauber bis zur Serienreife der erfolgversprechendere Ansatz war. Er ist es rückblickend ja auch heute noch.

Die Hubschrauberpioniere, Stanley Hiller oder Igor Sikorsky wussten schon während der Entwicklung, dass Hubschrauber vom energetischen Standpunkt aus gesehen nie an Flächenflugzeuge heranreichen würden. Sie würden immer mehr Leistung benötigen, um sich in der Luft zu halten. Trotzdem entwickelten sie diese Fluggeräte bis zur heutigen Perfektion. Sie wussten ja auch, dass man mit Hubschraubern in der Luft Aufgaben erledigen kann, welche mit Flächenflugzeugen unmöglich zu bewerkstelligen sind. Ein Hubschrauber kann an jedem beliebigen Punkt in der Luft stehen bleiben. Er ist heute für viele Aufgaben zu einem unverzichtbaren Hilfsmittel geworden.

Visionen in den 1950er Jahren

Die technische Entwicklung des Hubschraubers war 1950 in seinen Grundzügen abgeschlossen. Die Taumelscheibe, die Pitch-verstellbaren Rotoren und auch der Heckrotor hatten die Serienreife erlangt. Allerdings war die Steuerung dieser Hubschrauber relativ kompliziert. Damals wie heute war und ist sie nur gut ausgebildeten Piloten vorbehalten. Deshalb entwickelte Stanley Hiller in den fünfziger Jahren des letzten Jahrhunderts auch die Vision des Individualverkehrs mit einem vierrotorigen Hubschrauber, also einem Quadrocopter.

1957 enthielt die Juli-Ausgabe der Zeitschrift „Popular Mechanics" einen Artikel über „Hiller's Aerial Sedan, Your flying Car for 1967". Die Ingenieure der Hiller Aircraft Corporation arbeiteten damals fieberhaft an fliegenden Quadrocoptern für den Individualverkehr. So wurde angekündigt, dass solche Fluggeräte in nur zehn Jahren für jedermann zu kaufen sein sollten. Die Funktionsweise wurde so erklärt, dass man sie für einen Vorwärtsflug nur leicht nach vorne neigen müsste, indem die drehzahlgesteuerten vorderen Propeller für eine kurze Zeit leicht langsamer drehen würden als die hinteren. Bremsen würde man, indem die hinteren Propeller langsamer drehen würden als die vorderen. Wie aktuell das Thema in den 1950er Jahren tatsächlich war, machten auch durchgeführte Studien von großen Automobilkonzernen deutlich.

Wollte man jedoch tatsächlich in diesem Markt Fuß fassen, so mussten diese VTOLs, also Vertical Take Off and Landings, oder auf Deutsch: Fluggeräte, welche senkrecht starten und landen können, auch konstruktiv verbessert werden, das war allen bewusst. Quadrocopter mit ihren vertikal angeordneten Rotoren bergen ja nicht nur im Modell ein beträchtliches Sicherheitsrisiko in sich, sondern auch wenn sie als Annahme in groß gebaut werden. Man denke nur daran, dass man zwischen sich drehenden Rotoren ein- und aussteigen müsste. Außerdem muss es im Individualverkehr möglich sein, überall gefahrlos starten und landen zu können, auch neben Menschen. Eine Lösung dafür ist, alle Rotoren vollständig in die Karosserie zu integrieren. Die Bilder, welche in der „Popular Mechanics" Zeitschrift abgedruckt waren, zeigten alle solche Lösungen.

Die Ernüchterung

Man musste bei der Erprobung von Prototypen bald erkennen, dass die Technologie einfach nicht ausgereift genug war, um etwas ähnliches wie ein Luftauto für jedermann zu bauen. Es fehlte auch

Abbildung 85: Vision des Individualverkehrs mit Quadrocoptern

die bei den heutigen Quadrocopter-Modellen zum Stand der Technik gehörende Mikroprozessorunterstützung. Sie ermöglicht es ja erst, zusammen mit genauen und driftfreien Sensoren sowie leistungsfähigen Motoren, eine robuste Lagestabilisierung vorzunehmen.

Deshalb war es in der damaligen Zeit nur erfahrenen Piloten vorbehalten, diese Prototypen zu steuern. Verschiedene Rückschläge und Abstürze führten schließlich dazu, dass diese Vision bis heute eine solche bleibt. Der „Hiller's Aerial Sedan", das fliegende Auto für 1967, wurde nie in der Realität gebaut. Bis heute findet der Individualverkehr weitestgehend auf Rädern und am Boden statt. Die dritte Dimension ist wie schon damals nur einigen wenigen vorbehalten.

Hiller's Aerial Sedan

Ein fast gebauter manntragender Quadrocopter ist Grund genug, einen „Hiller's Aerial Sedan" eben als Semi-Scale-Modell nachzubauen.

Als Grundplattform wird hier eine Standard-Elektronik verwendet. Als Motoren und Propeller werden Hacker A20-22-L und APC SF 10×4,7 Propeller eingesetzt. Diese Kombination erzeugt mit allen vier Motoren etwas mehr als 2 kg Schub. Das reicht aus, um ein schönes Modell mit einem Gesamtgewicht von etwa 1 kg zu bauen und es sicher in der Luft zu manövrieren.

In der Abbildung 86 wird das Grundgerüst gezeigt. Es wird auch hier mit Kohlefaserrohren realisiert, wie auch die Modelle, welche schon weiter oben dargestellt wurden. Die Steuerungsplatine, der Empfänger und die vier Brushless Regler finden wie dort wieder alle auf der Elektronikaufnahme in der Mitte Platz. Da die Propellerabstände des „Aerial Sedans" in der Länge etwas größer sind als in der Breite, werden noch zwei längs verlaufende Rohre angebracht, welche an ihren Enden jeweils die Motoren aufnehmen. Zwei Querstreben vervollständigen die Konstruktion. Sie sind dafür verantwortlich, dass sich die Motoren im Betrieb nicht gegeneinander verwinden können.

Für den gelben Aufbau wird Depron eingesetzt, wie es die Abbildungen 87 und 88 zeigen. Da bemaltes Depron beim Finish oftmals etwas nach einer Bastelei aussieht, wird hier einmal ein neuer Weg mit dem Einsatz einer Selbstklebefolie beschritten. Ihre Haftung auf dem Depron ist

Abbildung 86: Grundgerüst aus Kohlefaserrohren und der Propellerschutz aus dünner Kohlefaser

Abbildung 87: Fertiges Modell des Aerial Sedan

Abbildung 88: Ein Blick in den Propellerschacht aus Kohlefaser

nicht ganz so gut, wie wenn sie auf Holz geklebt würde. Wenn man jedoch darauf achtet, dass die Folie gleich beim erstem Mal sitzt und nicht mehr zu Korrekturzwecken abgezogen werden muss, dann hält sie ganz gut und verleiht den Modellen denselben Glanz, als wenn sie irgendein anderes Material verkleiden würde. Mit dieser Kombination kann eine sehr leichte und formschöne Karosserie gebaut werden. Im Gegensatz zu den meisten anderen Flugmodellen hat diese ja keine tragende Funktion. Dafür sorgt schon die Konstruktion aus Kohlefaserrohr.

Die Haube wird ganz konventionell aus 5×5-mm-Balsaleisten gebaut. Das Dach besteht aus Japanpapier, welches mit Spannlack und roter Sprühfarbe bearbeitet wird.

Mit einem solchen Modell sind außerdem wieder die bessere Sichtbarkeit und die Orientierung gewährleistet. Dieser Depronaufbau verleiht ein völlig neues Fluggefühl, es sind so auch Flugradien möglich, welche durchaus an diejenigen von normalen Modellflugzeugen heranreichen.

Abbildung 89: Das Modell eines Aerial Sedan's in Pink

Abbildung 90: Semi-Scale-Modell einer Curtiss-Wright X-19

Fliegende Jeeps und die X-19 von Curtiss-Wright

Es wurden damals aber auch einige wenige manntragende Quadrocopter tatsächlich in „echt" gebaut. Es waren vierrotorige Prototypen für die Armee, beispielsweise ein fliegender Jeep mit der Bezeichnung VZ-7AP oder die X-19. Beide Fluggeräte wurden von Curtiss-Wright entwickelt. Die X-19 wurde in den frühen 1960er Jahren aus den Prototypen mit den Namen X-100 und X-200 weiterentwickelt. Sie besaß zwei ähnlich große hintereinander angebrachte Tragflächen. An deren Ende waren vier Triebwerke mit je einem Propeller angebracht. Die Besonderheit war, dass diese nur während des Starts als Quadrocopter arbeiteten. Im Flug sollten sie um 90° nach vorne geschwenkt werden. So sollte die X-19 zwar senkrecht starten und landen können, sich sonst jedoch wie ein ganz normales Flächenflugzeug verhalten. Somit hätte man die Vorteile eines VTOLs und diejenigen eines Flächenflugzeugs vereint. Insbesondere der Vorwärtsflug als ganz normales Flugzeug hätte so aus energetischer Sicht viel effizienter gestaltet werden können.

Die Regelung der vier Triebwerke und insbesondere auch deren Schwenkung im Flug um 90° stellten die Ingenieure jedoch vor große technische Schwierigkeiten. So wurden insgesamt nur zwei Prototypen des Flugzeugs gebaut. Nach erheblichen Schwierigkeiten wurden die Flugtests 1965 abgebrochen. Das im Bild 90 dargestellte Semi-Scale-Modell mit einem Fluggewicht von etwa 1.200 g besitzt jedoch keine schwenkbaren Rotoren. Es ist dafür aber mit einem GPS-fähigen Quadrocopter ausgestattet.

Bell X-22

Die Firma Bell stellt Hubschrauber her und baute in den 1960er Jahren mit der X-22 einen ähnlichen Prototypen wie die X-19 von Curtiss-Wright. Die Bell X-22 hatte aus Sicherheitsgründen Mantelpropeller. Die Propeller waren ähnlich einem Düsentriebwerk vollständig in eine Umhüllung eingebaut. Auch hier konnten die Propeller für Start und Landung waagerecht gestellt werden. Im Flug wurden sie dann senkrecht geschwenkt. Es war auch eine Zwischenvariante mit zu 45° angestellten Propellern möglich. Dies ermöglichte auch einen Start auf einer stark verkürzten Piste.

Die Bell X-22 wurde ebenfalls nur mit zwei Prototypen realisiert. Nach dem Absturz eines der Prototypen wurde der zweite mit verschiedenen Stabilisierungssystemen weiterentwickelt. Der Übergang von den waagerecht gestellten Propellern zu den senkrecht gestellten funktionierte hier relativ gut. Dieses Flugzeug galt deshalb Ende der 1960er Jahre als eines der zuverlässigsten seiner Art. Doch obwohl viele Testflüge erfolgreich absolviert und viele senkrechte Starts und Landungen durchgeführt wurden, ging auch die Bell X-22 nie in die Serienproduktion über.

Individualverkehr mit Quadrocoptern aus heutiger Sicht

Man mag sich fragen, ob es denn aus heutiger Sicht möglich wäre, den Individualverkehr mit Quadrocoptern in die dritte Dimension auszuweiten. Grundsätzlich ist diese Vorstellung immer noch faszinierend. Sie würde die Welt mindestens noch einmal so stark verändern wie die Erfindung des Automobils selbst.

Aus technischer Sicht könnte man einen „Hiller's Aerial Sedan" in „echt" bauen und man könnte ihn auch im Individualverkehr einsetzen. Die Vision von Stanley Hiller wäre also umsetzbar. Die Steuerung könnte man mit der heutigen Sensorunterstützung ebenfalls so gestalten, dass jeder, der einen Führerschein besitzt, in der Lage wäre, ihn sicher zu manövrieren.

Es gibt jedoch bei einer genaueren Untersuchung auch noch andere Aspekte, welche berücksichtigt sein wollen. Die Dimensionen eines heutigen Automobils wären beim Bau wohl der Maßstab. Bei einer Breite von etwas über 2 m könnten die Rotoren also einen Durchmesser von je 1 m aufweisen. Mit Leichtbauweise könnte vielleicht ein Take-off-Gewicht von 500 kg erreicht werden. Unter Anwendung der Schubtheorie aus Kapitel 6 findet man jedoch, dass so über 100 kW Leistung nötig wäre, nur um zu schweben. Da ein Quadrocopter ja auch noch Leistungsreserven für die Regelung und den Vorwärtsflug benötigt, wäre etwa ein 250-kW-Motor ausreichend. Das Schub-/Gewichtsverhältnis wäre so etwa 2,5. Der spezifische Schub oder anders ausgedrückt: wie viel Schub ein Antrieb pro Watt erreicht, steigt jedoch mit größerer Rotorfläche, wie ebenfalls in Kapitel 6 nachgelesen werden kann. Deshalb sind die Rotoren der Hubschrauber ja auch sehr groß. Könnte man also größere Rotordurchmesser als 1 m nehmen, wäre die Leistungsbilanz schon viel besser. Da die Energie sich im 21. Jahrhundert jedoch zunehmend zum Ressourcenproblem entwickelt, erscheint es wenig sinnvoll, die Quadrocopter für den Individualverkehr einzusetzen.

Als weitere Frage wäre zu klären, was im Notfall passiert, wenn die Motoren ausfallen. Ein Hubschrauber kann hier mit der Autorotation noch sicher landen. Ein Quadrocopter, welcher drehzahlgesteuert ist, hat prinzipbedingt Rotoren mit einem kleineren Massenträgheitsmoment. Die Regler müssen die Drehzahl ja schnell ändern können, soll ein stabiler Flug möglich sein. Autorotation ist so nicht möglich. Wenn also ein Rotor ausfällt, ist ein Überschlag die fatale Folge. Redundante Systeme wie Octocopter wären da schon wesentlich besser für eine solche Aufgabe geeignet. Allerdings würde dann auch wieder der Preis ansteigen.

Ein Automobil auf vier Rädern hat die obigen Probleme nicht. Fällt der Motor aus, steht es einfach still. Auch die Energiebilanz ist viel besser, da keine Leistung für das Schweben benötigt wird. Die gesamte Energie kann so auf die Vorwärtsfahrt aufgewendet werden.

Zusammenfassend muss aus heutiger Sicht gesagt werden: Der Quadrocopter ist bis auf Weiteres dem Modellflug und dem unbemannten Flug vorbehalten. Dort ist sein Potenzial jedoch sehr groß. Aus energetischer Sicht und auch wegen der Sicherheitsaspekte beim Ausfall von Rotoren ist sein Einsatz im Individualverkehr nicht sinnvoll.

8.2 Depronaufbauten

Für eine bessere Orientierung in der Luft müssen ja nicht zwingend Semi-Scale-Modelle von einst gebauten oder projektierten manntragenden Quadrocoptern realisiert werden. Selbstverständlich lädt die Entwicklung der Quadrocopter auch dazu ein, sich Fantasieaufbauten auszudenken. Dieses Unterkapitel soll diesen vielen verschiedenen Formen Rechnung tragen.

Ein Luft-Cabriolet

Das Modell eines bis jetzt in der Realität nicht existierenden „Luft-Cabriolets“ aus Abbildung 91 besteht aus 3-mm-Depron. Um eine gute Montage zu ermöglichen, wurde es in der Mitte innen noch mit Balsaleisten verstärkt. Im Speedflug ist doch noch etwas „Function“ spürbar. Bei höheren Geschwindigkeiten hilft das starre Seitenleitwerk etwas mit, die Vorwärtsrichtung zu halten. Das Gewicht beträgt mit Pilotenpuppe insgesamt 75 g, das ist bei einem 800-g-Copter kaum spürbar. Grundsätzlich kann ja ein mit dem Schub-/Gewichtsverhältnis 3:1 ausgelegter Quadrocopter etwas mehr als die Hälfte des Eigengewichts tragen. Trotzdem sollte bei den Aufbauten immer auf jedes Gramm geachtet werden.

Raumschiff Enterprise

Abbildung 92 zeigt das Raumschiff Enterprise der Fernsehserie Star Trek aus den 1960er Jahren. Der gesamte Aufbau ist etwa 300 g schwer, 120 cm lang und 50 cm breit. Die sogenannten Warp-Gondeln, hinten zu sehen, bestehen aus lackiertem und gerolltem Papier, der vordere Teil ist lackiertes 3-mm-Depron mit 50 cm Durchmesser. Die ganze Konstruktion wird mit Carbonstäben zusammengehalten. Sie ist etwas anfällig auf Windböen, wurde aber schon erfolgreich

Abbildung 91: Größere Modelle sehen fast aus wie „echt“ (Foto: Heinz Büchi)

Abbildung 92: Semi-Scale? Die U.S.S. (United Star Ship) Enterprise wird jedenfalls im Jahre 2245 vom Stapel laufen (Foto: Heinz Büchi)

Abbildung 93: Galileo, das Shuttle der U.S.S. Enterprise (Foto: Heinz Büchi)

Abbildung 94: Die „Work bee" wird für den Bau und die Reparatur von Raumschiffen eingesetzt (Foto: Heinz Büchi)

Abbildung 95: Die Rakete ist aus lackiertem Papier, der Aufbau ist 25 g schwer

Abbildung 96: Ein Ufo im Europäischen Luftraum? (Foto: Heinz Büchi)

bei Modellhubschrauber-Flugtagen mit mäßigem Wind eingesetzt.

Ebenfalls aus der Serie Star Trek stammen die kleineren Modelle aus den Abbildungen 93 und 94. Die Galileo und die Work bee unterstützen das Raumschiff Enterprise bei seiner Mission. Sie wurden ebenfalls aus 3-mm-Depron gefertigt. Mit den knapp 25 g Gewicht passen sie auch auf Quadrocopter mit 30er-Rahmen und 30-g-Motoren.

Das in der Abbildung 96 gezeigte Ufo hat einen Rahmen aus 2 mm dicken Carbonringen. Sie werden mit Balsaleisten zusammengehalten. Lackiertes Spannpapier verleiht dem Modell das nicht alltägliche Aussehen. Das Gewicht beträgt 75 g bei einem Durchmesser von 1 m. Speziell dabei ist, dass der Quadrocopter mit 30er-Rahmen und 30-g-Motoren komplett darin verschwindet. Das geht nur deshalb, weil das Ufo nach unten und oben offen ist und der

Propellerluftstrom so nicht gestört wird.

Alles in allem würden die Quadrocopter im breiten Modellsport noch viel schneller Fuß fassen, wenn sie etwas bunter daherkommen würden. Viele Piloten sagen aber, bei einem Überschlag würde die ganze Arbeit eines Depronaufbaus zerstört. Wer die heutigen Quadrocopter jedoch fliegt, merkt bald, dass die Technik so sicher und so weit fortgeschritten ist, das (Semi-) Scale-Modelle oder der Fantasie entsprungene Depronaufbauten auch hier in Angriff genommen werden können. Das einzige Problem, welches sich stellt, ist, dass es eben nicht ganz so viele fliegende Originale gibt.

9. Inbetriebnahme und Flugschule

Bei den selbst gebauten Quadrocoptern kommt der große Moment der Erstinbetriebnahme, nachdem alle Kabel nach Anleitung verlötet wurden und alle Motoren richtig verschraubt sind. Hierbei gilt als wichtigste Regel:

Die Erstinbetriebnahme sollte aus Sicherheitsgründen ohne Propeller erfolgen.

Da die Einstellungen noch nicht vorgenommen wurden, man nicht weiß, welche Software sich auf dem System befindet und auch nicht, ob die Fernsteuerhebel jetzt invertiert werden müssen oder nicht (Gashebel!), ist erst einmal Vorsicht geboten. Die Motorleistungen belaufen sich in Summe immerhin auf ein paar hundert Watt. Wenn diese „rohen Kräfte sinnlos walten", sind abgeschlagene Propellerblätter und verbogene Motorwellen noch der harmloseste vorstellbare Schaden.

Noch schlimmer ist die Annahme, man könne seinen Quadrocopter ja beim Einschalten einfach festhalten. Selbst die kleineren Systeme mit 30-g-Motoren reißen sich problemlos aus dem Griff los, wenn irgendetwas falsch konfiguriert ist.

Sind die Propeller weg, kann gefahrlos eingeschaltet werden. Über die Schnittstelle kann jetzt die Konfiguration auf dem PC vorgenommen werden. Dazu gibt es von den verschiedenen Herstellern Anleitungen. Diese können meistens aus dem Internet heruntergeladen werden.

9.1 Funktionen am Boden prüfen

Wurde alles richtig gemacht, können die Motoren per Knopf- oder Hebeldruck eingeschaltet werden und laufen schön im Standgas, wenn sich der Gashebel der Fernsteuerung am unteren Anschlag befindet. Immer noch ohne Propeller kann jetzt die Gasfunktion getestet werden. Bei höherer Gasstellung sollten sich alle vier Motoren gleichermaßen schneller drehen. Ein „Einlaufen" der BL-Motoren entfällt. Diese haben ja keine Kohlebürsten. Wenn man aber einen Quadrocopter mit Bürsten- oder Gleichstrommotoren sein Eigen nennt, dann erhöht es deren Lebensdauer, wenn man eine oder zwei Akkuladungen auf der halben Gasstellung leerfährt. So werden die Kohlebürsten richtig geformt. Der Gashebel sollte ohne Propeller aber noch nicht auf Vollgas gestellt werden, weil die Drehzahlen sonst zu hoch werden und die Lager heiß laufen könnten.

Jetzt werden die Nick- und die Roll-Funktion getestet. Nachdem der Hebel in eine Richtung gedrückt wird, soll sich der Motor in dieser langsamer drehen, der gegenüberliegende schneller. Bei der Gier-Funktion müssen immer je zwei gegenüberliegende Motoren schneller bzw. langsamer drehen. Das gilt für die Ausführung in „+"-Konfiguration.

Die „Trockeninbetriebnahme“ ohne Propeller scheint zwar etwas langweilig und unspektakulär zu sein. Jeder, der die Inbetriebnahme schon mit Propellern durchgeführt hat (und das sind viele, weil man es ja nicht erwarten kann, seinen Quadrocopter schweben zu sehen), wird aber bestätigen, dass er schon viele kaputte Propeller, Blessuren oder den Defekt des einen oder anderen Teiles hätte vermeiden können, wenn er es immer so gehandhabt hätte.

Falls etwas nicht funktioniert, sollte man wenn möglich mit der PC-Schnittstelle Folgendes überprüfen:

- *Ist was man als „vorne“ wähnt beim Quadrocopter auch wirklich „vorne“?*
- *Sind alle Fernsteuerknüppel der richtigen Funktion zugeordnet?*
- *Sind alle Fernsteuerknüppel in der richtigen Richtung konfiguriert (speziell Gas)?*
- *Sind die BL-Regler den Richtungen entsprechend richtig zugeordnet?*

9.2 Reichweitentest

Bei Quadrocoptern wird das elektrisch leitende Carbon als Rahmen verwendet. Deshalb ist die Reichweite im Vergleich mit Modellflugzeugen oftmals etwas eingeschränkt. Die Empfängerantenne hätte für die optimale Funktion eben gerne keine anderen leitenden Materialien um sich herum. Wenn sie jedoch immerhin so montiert wird, wie in Kapitel 2.6 beschrieben wurde, sollte genügend Reichweite vorhanden sein.

Der Test der Reichweite gehört heute zu der Checkliste, welche ein pflichtbewusster Modellpilot vor dem Einsatz seines Quadrocopters durchführen sollte. Die meisten guten Fernsteuerungen stellen hierfür auch Hilfestellungen zur Verfügung. Bei den meisten Lösungen mit 2,4-GHz-Fernsteuerungen wird dabei die Senderleistung stark reduziert, sodass sich eventuelle Empfangsstörungen bereits nach einigen zehn Metern bemerkbar machen.

Es ist dabei sehr wichtig, dass ein Quadrocopter niemals in diesem Modus gestartet werden kann, da das sonst unweigerlich zum Empfangsverlust nach vielleicht 50 Metern führt. Deshalb haben sich die Hersteller dazu einiges einfallen lassen. Bei den Fernsteuerungen eines Herstellers kann nach dem Einschalten nur einmal für etwas mehr als eine Minute in diesen Modus geschaltet werden. Bei anderen ist dieser Modus erst nach einer Abschaltung wieder möglich, wenn der Sender schon einmal mit der vollen Leistung gesendet hat. Bei wieder anderen Fernsteuerungen muss eine ganz spezielle Tastenkombination gedrückt werden, um den Reichweitentest bei verminderter Senderleistung durchzuführen.

In den Bedienungsanleitungen wird dann der Test beschrieben. Er ist immer ähnlich:

Der Quadrocopter sollte leicht erhöht, vielleicht auf einer Kartonschachtel oder einer Holzkiste stehen. Nun sollte man die Motoren einschalten und sich vom System wegbewegen. Dabei sollte man immer den Gas- oder andere Knüppel bewegen und dabei auf Motorgeräusche achten. Sie sollten sich bei der Bewegung des Gasknüppels entsprechend verändern. Die maximale Entfernung hängt von der reduzierten Senderleistung beim Reichweitentest ab, sie wird in den meisten Bedienungsanleitungen aber etwa mit 30 bis 50 m angegeben.

Gegebenenfalls kann auch ein Helfer die Motorgeräusche beim Quadrocopter überprüfen. Nun kann man sich auch weiter als bis zur maximalen Entfernung bewegen, bis gegebenenfalls ein Fail Safe eintritt. Nach dem Umschalten auf den normalen Sendebetrieb sollte auch bei diesem Abstand wieder alles normal funktionieren.

Als Reichweitentest bei den älteren MHz-Fernsteuerungen schlagen viele vor, bei eingezogener aber nicht abgeschraubter Antenne müsste der Empfang in 50 m Entfernung noch ohne Störungen möglich sein. Selbstverständlich erfolgt auch dieser Test mit eingeschalteten Motoren. Dann führen die Kabel Strom, und es treten Spannungs- und Stromspitzen auf, weil der

BL-Regler die Gleichspannung „zerhacken“ muss, um sinusförmige Signale zu erzeugen. Diese erzeugen elektrische und magnetische Felder auf allen Frequenzen, auch auf der Wellenlänge des Empfangssignals. Falls ein Helfer verfügbar ist, soll er sich mit dem Modell entfernen und eine Rückmeldung geben.

Auch hier kann ein per PC konfigurierbares System Vorteile zeigen. Einige von diesen tracken die Qualität des Empfangssignals mit und es kann danach über die Schnittstelle ausgelesen werden, ähnlich wie bei einem Flugschreiber.

Telemetriefähige Fernsteuerungen auf 2,4-GHz-Basis besitzen oft Funktionen, welche das Empfangssignal direkt auf dem Display der Fernsteuerung darstellen. Das ist ein weiterer Pluspunkt für diese Technologie.

Wenn der Reichweitentest nicht bestanden wird

Wenn der Quadrocopter schon im Normalbetrieb in den Fail-Safe-Modus übergeht oder man über die Motorengeräusche eine Empfangsstörung bemerkt oder wenn dies beim Reichweitentest schon bei weniger als der maximalen Entfernung passiert, sollten folgende Dinge überprüft werden:

- Ist die Antenne des Empfängers genügend weit weg von leitenden Teilen und stromführenden Leitern montiert?
- Sind die stromführenden Leiter genügend weit weg vom Empfänger gelegt?
- Im Falle des Einsatzes von Bürstenmotoren: sind diese korrekt entstört?

Wenn diese Punkte gut gelöst sind, sollte eine Fernsteuerung zuverlässig funktionieren.

9.3 Montage der Propeller

Sind alle diese Tests durchgeführt worden, so kann die Montage der Propeller erfolgen. Hier liegt eine weitere mögliche Fehlerquelle. Es müssen unbedingt je zwei rechts- und linksdrehende Propeller montiert werden. Sie müssen auch an der richtigen Stelle montiert sein und gleichdrehende müssen einander immer gegenüberliegen.

Weiter gibt es noch die Fehlerquelle der Drehrichtung. Die Motoren müssen so drehen, dass sowohl die links- als auch die rechtslaufenden Propeller Schub nach unten generieren.

Die Drehrichtung kann bei den meisten Systemen einerseits über die PC-Schnittstelle umgedreht werden; andererseits können auch zwei beliebige der drei Motorkabel vertauscht werden, um denselben Effekt zu erzielen.

Wenn alles richtig gemacht wurde, sollte der Quadrocopter nun wunschgemäß fliegen.

Im Fehlerfall ist Folgendes zu kontrollieren

- *Sind je zwei links- und rechtsdrehende Propeller an der richtigen Stelle montiert?*
- *Drehen sie in die richtige Richtung?*

Vibrationen

Es kann vorkommen, dass im Flug Vibrationen auftreten. Eine oder beide Achsen weisen dann Zuckungen auf. Dieses Thema wird auch in den einschlägigen Internet-Foren immer wieder diskutiert. Die Ursachen hierfür liegen fast nie bei Steuerelektronik, Reglerparameter oder Sensoren. Sie sind fast immer bei der Motor-Propellerkombination oder deren Montage zu suchen. Der Motor benötigt ein hohes Beschleunigungsvermögen, eine hohe Dynamik also, damit die Achsen genügend schnell geregelt werden können. Verschiedene zu weiche Propeller verwinden sich aber während dieser Phase. Sie führen so ein ungewolltes Eigenleben. Gute Beispiele hierfür sind die Propeller von Koax-Helis. Die wären ja deshalb ideal, weil sie immer rechts- und linksdrehend verfügbar sind. Es gibt jedoch nur sehr wenige Quadrocopter, welche mit solchen Propellern zuverlässig fliegen.

Weiter kann auch die Propellerunwucht zu Problemen führen. Es ist kaum zu glauben, dass viele Propeller ab Ladentisch eine haarsträubende Unwucht aufweisen. Eine für wenig Geld zu erstehende Propellerwaage und etwas Schleifpapier können manchmal wahre Wunder bewirken. Alternativ kann der Propeller zum Wuchten auch auf eine Ersatzwelle montiert werden. Diese wird auf die beiden Backen eines Schraubstockes gelegt, währenddessen der Propeller dazwischen sitzt. Geschliffen wird immer am Ende des Propellers. Dieses hat den größten Einfluss auf die Unwucht.

9.4 Vorbereitungen zum Erstflug

Einen Multi- oder Quadrocopter richtig fliegen zu können, ist eine erlernbare Kunst. Der Gedanke, dass dies an einem einzigen Tag möglich ist, bleibt jedoch eine Illusion. Wie beim Erlernen des Autofahrens muss man vieles selbst Schritt für Schritt nachvollziehen und immer wieder üben. Die nachfolgenden Seiten sind als eine kleine Flugschule zu verstehen. Sie werden in Unterkapitel zusammengefasst. Sie sind so gestaltet, dass ihr Schwierigkeitsgrad aufsteigend ist und die Flugfiguren bauen auch aufeinander auf. Das Überspringen der Unterkapitel mag beim Lesen schon gehen. Jedoch beim Üben sollte man jeweils erst dann zum nächsten übergehen, wenn man beim jeweils aktuellen alles mehrmals nachvollzogen hat und auch die entsprechenden Flugfiguren sicher beherrscht. Nur so kann man auch gewährleisten, dass man auch die schwierigeren Figuren erlernen kann.

Simulationsprogramme

Für die Übung gibt es heute verschiedenste Simulationsprogramme auf dem Markt. Bei einigen wird gleich eine Fernsteuerung mitgeliefert, welche über eine Schnittstelle mit dem PC verbunden werden kann. Es gibt auch Fernsteuerungen, welche einerseits für den richtigen Betrieb mit Quadrocoptern verwendet werden können und andererseits ebenfalls über eine Schnittstelle mit dem PC-Programm zusammen arbeiten. Das ist besonders interessant, da man dann mit seiner Fernsteuerung entweder einen Quadrocopter in der Realität steuern kann oder auch einen virtuellen am Bildschirm. Außerdem können so auch weitere Einstellungen wie beispielsweise Trimmungen in echt und in der Simulation vorgenommen werden.

Diese Programme beinhalten dann für viele verschiedene Modellflieger Simulationsmodelle. Auch Quadrocopter oder ganz allgemein Multicopter mit drei bis acht Propellern können hier angewählt werden. Die Übung mit dem Simulationsprogramm ist ganz zu Beginn sicherlich sinnvoll und kann den einen oder anderen Absturz des richtigen Quadrocopters verhindern. Grundsätzlich ist es jedoch auch eine Frage des Interesses an Simulationsprogrammen, ob und wie lange man am PC sozusagen mit einem virtuellen Fluggerät üben möchte. Schliesslich wählen viele Quadrocopter- oder Modellflug-Piloten dieses Hobby aus dem Grund, damit sie bei dessen Ausübung auch einmal vom heute in der Arbeitswelt allgegenwärtigen PC-Bildschirm wegkommen. In jedem Falle können die in den nächsten Kapiteln vorgeschlagenen Übungsschritte sowohl in der Simulation als auch mit dem richtigen Quadrocopter durchgeführt werden. Selbstverständlich wird sich früher oder später ein jeder von der Simulation lösen und zum Fliegen in der Realität übergehen.

Versicherung

Sobald man mit seinem Modell richtig fliegen möchte, muss man sich die Frage nach der Versicherung stellen. Unfälle möchte man ja in jedem Falle vermeiden. Wenn jedoch trotzdem einmal etwas passiert, und man einen Schaden verursacht, sollte man darauf vorbereitet sein. Dazu holt man sich am besten den Rat bei seiner Versicherung ein. Diese bietet für den Modellflug oftmals zusätzliche Leistungen an und sie berät einem zu den aktuellen Bedingungen. Je nach Land sind die Bedingungen unterschiedlich. Auch hier helfen einem die Versicherungen weiter.

Zum Üben geeignete Quadrocopter oder Multicopter

Es stellt sich zu Beginn auch gleich die Frage, mit was für einem System man denn zuerst ein-

Abbildung 97: Kippen mit und ohne Kameragestell

mal üben sollte, wenn man ohne Simulation oder als Erstes nach der Simulation ein reales System steuern möchte. Soll man einen Quadro-, Hexa- oder Octocopter kaufen? Grundsätzlich kann man die Flugfiguren in den folgenden Unterkapiteln mit allen Multicoptern fliegen. Wichtig ist einfach, dass man im Flug jederzeit einfach die Orientierung des Systems erkennen kann, also dass man immer weiß, wo vorne ist. Da wäre der Rat etwa der, zuerst einmal nicht gleich ein ganz teures System zu kaufen, sondern beispielsweise erst einmal einen einigermaßen preiswerten Ready To Fly- Quadrocopter von mittlerer Größe. Eine mittlere Größe wäre etwa eine Propellergröße von 8“ beziehungsweise 20 cm. Ein solcher Quadrocopter erzeugt nämlich schon genügend Schub, um auch einmal im Outdoorbereich gegen leichte Windeinflüsse bestehen zu können. Was außerdem mindestens beim Üben und überdies hinaus auch später sehr hilfreich ist, ist ein Propellerschutz, welcher beispielsweise aus Ringen aus Kunststoff oder aus EPP-Material besteht. Das schützt einerseits einen selbst oder anwesende Personen, aber auch ganz andere Dinge wie Blumen und dergleichen vor einem unkontrolliert abstürzenden Quadrocopter. Andererseits schützt es auch die Propeller selbst, indem sie so weniger Gefahr laufen, zu knicken oder gar zu brechen. Es gibt auf dem Markt auch ganz unterschiedliche Propeller. Es werden solche aus Glasfaserverstärktem Kunststoff (GFK), Carbon oder auch solche aus hartem oder weichem Kunststoff angeboten. Speziell die Propeller aus GFK sind oftmals sehr hart und widerstandsfähig. Das hat zwar einerseits den Vorteil, dass sie bei einer harten Landung nicht sofort zerstört werden. Andererseits hat es jedoch den Nachteil, dass solche Propeller Beschädigungen oder gar Verletzungen verursachen können. Propeller aus Carbon oder auch solche aus hartem Kunststoff brechen relativ schnell bei Bodenkontakt und können beim Davonfliegen Schäden verursachen. Wer die Wahl hat, sollte möglichst weiche Kunststoffpropeller wählen. Diese haben zwar oftmals nicht denselben hohen Wirkungsgrad wie andere Propellertypen, sie verursachen jedoch weniger Beschädigungen oder Verletzungen als diese. Viele RTF-Quadrocopter sind mit solchen Propellern ausgestattet.

Modell-Helikopter sind bezüglich der Steuerung mit den Quadrocoptern verwandt. Somit werden auch die folgenden Quadrocopter- Fluglektionen ähnliche Elemente enthalten. Bei den Helikoptern wird oftmals ein Trainingsgestell bestehend aus zwei übers Kreuz angeordneten Karbonstangen mit Ping- Pong-Bällen verwendet. Dieses wird dann unten beispielsweise an die Kufen montiert. Das wird dort deshalb gemacht, um etwas mehr Standfläche zu erhalten, damit der Helikopter sich nicht gleich bei jeder nicht ganz geraden Landung überschlägt und sich auf die Rotorblätter setzt. Bei den meisten Quadrocoptern ist ein solches Landegestell nicht nötig, da die vier Ausleger ja ebenfalls ein mehr oder weniger großes Kreuz bilden. Die Überschlagsgefahr bei einer etwas schrägen Landung ist also dadurch schon etwas gebannt. Diejenigen Quadrocopter, welche unten ein Gestell für die Aufnahme einer Kamera haben, sind deshalb zum Üben nicht so gut geeignet, da sie bei der Landung ebenfalls auf

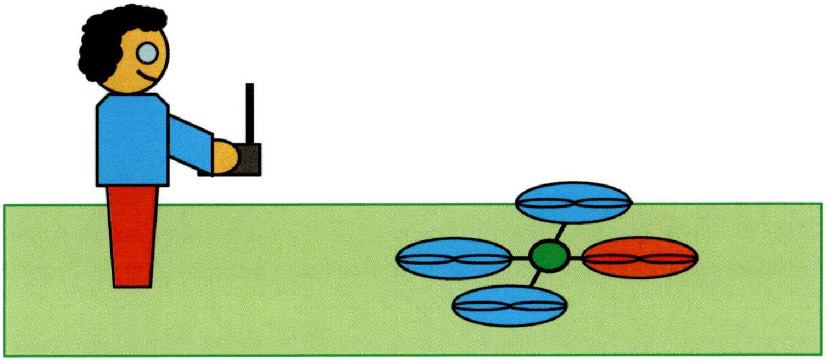

Abbildung 98: Orientierung des Quadrocopters vor dem Start, mit „+“-Konfiguration

Abbildung 99: Orientierung des Quadrocopters vor dem Start, mit „x“-Konfiguration

die Propeller kippen können. Bei solchen Quadrocoptern sollten die Gestelle wenn möglich entfernt werden. Es ist ja auch so, dass man für die Übung lieber erst einmal keine Kamera montiert. In jedem Falle sollte der Quadrocopter in jede Richtung so gekippt werden können, dass keiner der Propeller den Boden berühren kann. Die Abbildung 97 zeigt, dass Kameragestelle hierbei oftmals sogar hinderlich sein können.

Wenn man den ersten Flug im Freien durchführen möchte, sollte man sich einen möglichst windstillen Tag aussuchen. Ideal wäre es selbstverständlich, wenn man eine ganze Turnhalle für sich beanspruchen könnte, aber diese Möglichkeit hat wohl fast niemand. Weiter oben wurde von der „+“- oder „x“- Konfiguration gesprochen. Wenn man diese auswählen kann, so sollte man hier zu Beginn die „+“- Konfiguration einstellen und den vorderen Ausleger entsprechend markieren, zum Beispiel mit einem Stück Klebeband oder sogar mit einem Propeller in einer anderen Farbe, beispielsweise rot. Abbildung 98 zeigt, dass man den Quadrocopter dann vor sich hinstellt, sodass der vordere markierte Ausleger oder andersfarbige Propeller von einem weg zeigt. In dieser Orientierung bewegen sich bei einer Nick- oder Roll-Bewegung alle Ausleger in die gleiche Richtung, wie man die Hebel der Fernsteuerung bewegt.

Bei vielen RTF-Quadrocoptern kann die Konfiguration nicht frei gewählt werden. Einige von diesen besitzen kleine Rumpfaufbauten und können nur in der „x“- Konfiguration geflogen werden. Bei diesen Systemen orientiert man sich nicht nach den Auslegern oder Propellern, sondern nach den Rumpfaufbauten. Abbildung 99 zeigt, wie man diese Quadrocopter vor sich hinstellen soll. Auch hier bewegt sich der Quadrocopter bei Bewegungen in der Nick- und Roll-Achse so, wie man die Hebel bei der Fernsteuerung betätigt.

Wie man die Fernsteuerung hält und die Knüppel bedient

Die meisten heute eingesetzten Sender sind sogenannte Handsender. Das ist auch bei fast allen „Ready to fly“-Quadrocoptern so. Wie der Name es bereits verrät, wird der Sender auf beiden Seite mit einer Hand umfasst. Oftmals steuern die Piloten nur mit den beiden Daumen, welche jeweils auf die Oberseiten der Knüppel gelegt sind.

Eine andere Art der Steuerung ist es, die Knüppel zwischen Daumen und Zeigefinger der Hände zu nehmen und den Sender nur mit den Handflächen einzuklemmen. Der Autor zieht diese Steuerungsart vor, da sie aus seiner Sicht eine feinfühligere Steuerung erlaubt. Für eine zusätzliche Fixierung sorgt hier auch ein Trageriemen, welcher um den Nacken getragen wird. Er bietet den Vorteil, dass der Sender nicht aus der Hand gleiten und zu Boden fallen kann. Ein Nachteil ist aber, dass der Riemen zuerst abgelegt werden muss, wenn man die Fernsteuerung weglegen will, um an Arbeiten am Fluggerät vorzunehmen.

Etwas weniger häufig werden Pultsender eingesetzt. Diese sind meistens so geformt, dass sie an den Bauch angelehnt werden können. Hier sorgen weitere Trageriemen für zusätzlichen Halt. Meistens wird mit Daumen und Zeigefinger gesteuert, während die Hand auf der Steuerung abgestützt wird. Der Sender bleibt auch ohne die Mithilfe der Hände auf der Position. Für viele Handsender sind auch Erweiterungen zum Pultsender erhältlich.

Motoren anlaufen lassen und Funktionscheck

Da der Quadrocopter entweder bereits vorab richtig in Betrieb genommen wurde und allfällige Fehler bis zu diesem Zeitpunkt bereits eliminiert sein sollten, kann man sich vor jedem Flug auf einen Funktionscheck beschränken.

Dazu gehört vor dem Einschalten des Systems ein Test, ob die Motoren noch fest mit dem Rahmen verschraubt sind. Im gleichen Zuge sollte man ebenfalls überprüfen, ob die Propeller noch starr auf den Motorwellen sitzen. Bei den drehenden Teilen kann es beispielsweise bei Vibrationen schon einmal vorkommen, dass sich Schrauben etwas lösen. Gegebenenfalls sollte man diese dann noch etwas anziehen. Wenn sich im Flug ein Motor oder ein Propeller loslösen würde, hätte das unweigerlich einen Absturz des Fluggeräts zur Folge. Außerdem würden die Motoren ohne eine Verschraubung nur noch an ihren Anschlusskabeln hängen. Wenn diese ausreissen, wird unter Umständen auch die Motorwicklung in Mitleidenschaft gezogen.

Nachdem man sich über den einwandfreien Zustand der Mechanik vergewissert hat, sollte man immer zuerst den Sender der Fernsteuerung einschalten, sodass der Quadrocopter und sein Empfänger immer gleich zu Beginn ein sinnvolles Signal erhalten, sobald sie selbst eingeschaltet werden. Es sollte darauf geachtet werden, dass die Stellung des Gashebels dabei auf Leergas gestellt ist. Die meisten Systeme haben hier zwar eine Sicherheit eingebaut, dass sie nach dem Einschalten zuerst eine Leergasstellung erwarten, bevor die Motoren selbst über die Fernsteuerung mit einer definierten Knüppelbewegung eingeschaltet werden können. Ob das jedoch immer so gelöst wird, kann nicht für jedes System abgeschätzt werden. Danach wird der Quadrocopter eingeschaltet. Es ist möglich, dass dieser zuerst selbstständig eine Kalibration seiner Sensoren vornimmt. Meistens zeigt dann eine Status-Leuchtdiode nach einigen Sekunden an, dass das System nun flugbereit ist.

Die Motoren können nun eingeschaltet werden. Das wird in einigen Fällen bei Leergas und einer Bewegung desselben Knüppels nach links oder rechts gemacht. Bei anderen Systemen wird der Knüppel einmal nach oben und dann wieder nach unten gezogen. Es gibt auch Systeme mit weiteren definierten Knüppelbewegungen für die Einschaltung. Danach sollten alle Motoren anlaufen und im Leerlauf drehen.

Nun wird eine kurze Funktionsüberprüfung

Abbildung 100: Zuschauer sollte es in dieser Phase keine geben. Wenn jemand unbedingt zusehen möchte, soll er wenigstens immer hinter dem Piloten stehen

am Boden vorgenommen. Dazu wird der Gashebel leicht nach vorne bzw. nach oben gedrückt, sodass alle Motoren gleichzeitig etwas schneller drehen. Der Quadrocopter soll aber in dieser Phase noch nicht abheben. Nun kann man den Nick- und Roll-Hebel schön nacheinander in alle vier Richtungen bewegen. Unabhängig von der nach den Abbildungen 98 und 99 gewählten Konfiguration sollte sich der Quadrocopter jetzt in alle diese Richtungen neigen oder je nach Stand und Bodenbeschaffenheit zumindest Anstalten machen, sich in diese Richtungen zu neigen. Danach kann man den Nick- und Roll-Hebel wieder zur Mitte hin bewegen. Als Nächstes soll der Gier-Hebel nach links und dann nach rechts bewegt werden. Wieder sollte der Quadrocopter am Boden mindestens andeuten, sich nach links oder nach rechts bewegen zu wollen. Dabei muss sich die Frontseite des Quadrocopters in die Richtung des Hebels drehen. Das ist also diejenige Seite, welche sich am weitesten vom Piloten weg befindet. Außerdem kann man vielleicht auch beobachten, dass je zwei gegenüberliegende Motoren schneller oder langsamer drehen. Die beiden sich gegenüberliegenden Propeller weisen bei einem Quadrocopter ja je die gleiche Drehrichtung auf. Wenn sie gleichzeitig schneller oder langsamer drehen, bewirkt das ein Drehmoment in der Hoch- beziehungsweise Gier- Achse.

Keine Zuschauer beim Üben

Während der ganzen Übungsphase sollte man unbedingt großen Wert darauf legen, dass man sich voll und ganz auf sein Fluggerät konzentrieren kann. Zuschauer sollte man speziell als Anfänger darauf hinweisen, sich vom Flugfeld fernzuhalten. Sie meinen es zwar gut mit einem, möchten Unterstützung bieten und warten vielleicht auch neugierig darauf, dass das spannende Modell abhebt, aber sie sind in der jetzigen Phase fehl am Platz. Grundsätzlich ist jemand, der beim Üben ist, eben beim Üben und nicht an einer Flugshow, darauf sollte man auch bestimmt hinweisen. Wenn es dann trotzdem noch Leute gibt, welche sich dieses vermeintliche Spektakel unter keinen Umständen entgehen lassen wollen, sollte man sie auffordern, sich immer nur mit einem gebührenden Abstand von einigen Metern hinter einem aufzuhalten. Sie sollten während des Fluges niemals ins Blickfeld gelangen, da sie einen sonst ablenken könnten. Außerdem wird man sein System zum Üben immer vor sich schweben lassen und auch sofort landen, wenn es außerhalb des Blickfelds gerät. Es könnte für einen im Weg stehenden Zuschauer auch gefährlich werden, wenn ein Quadro- oder Multicopter außer Kontrolle gerät. Die Abbildung 100 zeigt etwa, wie das gemeint ist.

Selbstverständlich kann ein etwas erfahrenerer Quadro- oder Multicopter-Pilot, welcher auch schon einige Flugfiguren beherrscht, Zuschauer zulassen, aber eben immer nur unter der Berücksichtigung von Abbildung 100. Es bleibt am Ende jedem selbst überlassen, wann er denn soweit ist, seine Flugkünste anderen zu zeigen.

Erster Hüpfer zur Trimmung

Da man sein Modell gerade als Anfänger nicht auch noch während des Fluges trimmen kann, sollte man versuchen, dies mit der Beobachtung

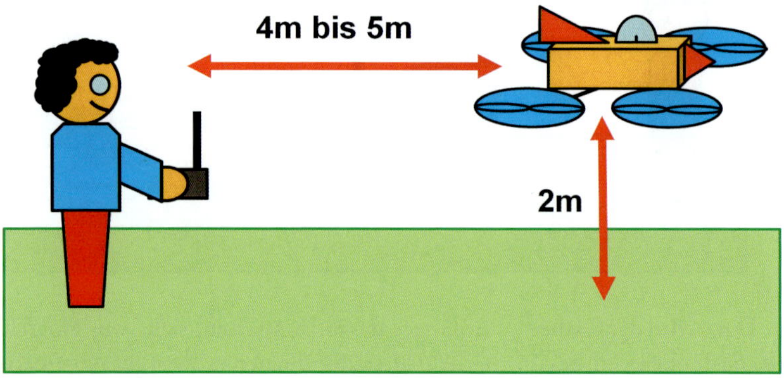

Abbildung 101: Der Heck-Schwebeflug

eines ersten Hüpfers zu bewerkstelligen. Zuerst entfernt man sich etwa vier Meter vom System und gibt etwas mehr Gas. Der Quadrocopter sollte vorerst etwa 50 cm vom Boden abheben. Anschließend nimmt man den Hebel dann gleich wieder zurück und landet. Alle anderen Knüppel, also Gier, Nick und Roll, bleiben dazu möglichst in der Neutralstellung. Nun beobachtet man, wie sich das System verhalten hat. Grundsätzlich besteht bei einem Quadrocopter aufgrund der einfacheren und auch symmetrischen Mechanik immer weniger Trimmungsbedarf als bei Hubschraubern. Wenn sich die Drehzahlen der Motoren ebenfalls nicht stark voneinander unterscheiden, und man darauf geachtet hat, die je links und rechtsdrehenden Propeller richtig zu montieren, wird das System mehr oder weniger gerade abheben und sich dabei nicht drehen.

Es kann jedoch schon vorkommen, dass es sich im Flug etwas gedreht hat oder dass es zumindest nicht am selben Ort landet, an dem es gestartet ist. In diesem Fall sollte man den ersten Hüpfer noch einmal wiederholen und dabei beobachten, ob sich wieder dieselben Eigenschaften zeigen. Auf dieser tiefen Flughöhe tritt nämlich der sogenannte Bodeneffekt auf. Es handelt sich hierbei um Luftturbulenzen, welche die drehenden Propeller selbst verursachen. Diese können ebenfalls Drehungen und Schwankungen verursachen. Wenn sich beim zweiten Hüpfer aber dieselben Eigenschaften zeigen wie beim ersten, so kann man leicht nachtrimmen. Bei einer Rechtsdrehung soll man etwas Gier-Trimmung nach links geben und umgekehrt, bei einer Vorwärtsbewegung etwas Nick-Trimmung nach hinten und umgekehrt, oder bei einer Linksbewegung etwas Roll- Trimmung nach rechts und umgekehrt. Da jedoch der symmetrische Aufbau der Quadro- und Multicopter wie oben besprochen sicher nur leichte Ungenauigkeiten aufweist, sollte man immer nur ganz wenig trimmen.

9.5 Der Heck-Schwebeflug

Jetzt geht es erst richtig los. Die Beherrschung des Heck-Schwebeflugs ist die wichtigste Grundlage, um später auch kompliziertere Flugmanöver durchführen zu können. Bei diesem Unterkapitel sollte man deshalb lange genug verweilen und es auch mit möglichst vielen Akkuladungen praktizieren, so lange, bis man diese Fluglage sicher im Griff hat. Die Abbildung 101 zeigt, was das am Ende beinhaltet.

Am Ende soll der Quadrocopter also auf einer konstanten Höhe von etwa zwei Metern und in einer konstanten Entfernung von etwa vier bis fünf Metern vor dem Piloten herschweben. Dabei soll er sich auch in der Hochachse nicht wegdrehen, sondern in derjenigen Orientierung vor einem schweben, dass sich der hintere Teil, das Heck also, immer am nächsten zum Piloten befindet. Dieser blickt also immer auf das Heck des Quadrocopters. Das hat den Vorteil, dass auch im Flug immer die Knüppelbewegungen der

Fernsteuerung auch den Richtungsbewegungen des Quadrocopters entsprechen. Die Fertigkeiten, welche hier erlernt werden, beinhalten also einerseits die Höhe mit dem Gasknüppel konstant halten und andererseits die Nick-, Roll- und Hoch-Achse zu steuern. Dazu werden alle physikalischen Bewegungen geübt und auch alle Knüppel der Fernsteuerung benützt.

Leider kann man den Quadrocopter in der ersten Phase der Übung nicht nur ganz knapp über dem Boden schweben lassen, damit er im Fehlerfall nicht zu tief herunterfällt. Der schon weiter oben genannte Bodeneffekt verhindert ein ruhiges Schweben bis zu einer Höhe von etwas mehr als dem Rotordurchmesser. Hier schwebt das System eben in den vom Boden reflektierten Luftturbulenzen. Es ist deshalb sehr unruhig und bricht auch scheinbar unerwartet einmal auf die eine oder die andere Seite aus. Für die ersten Übungen ist das selbstverständlich nicht geeignet. Auf einer vor Turbulenzen sicheren Höhe befindet sich der Quadrocopter deshalb erst etwa ab einer Höhe von einem halben Meter.

Erstflug

Nun geht es mit dem ersten Flug los. Dazu sollte man als erstes Ziel versuchen, das System auf einem Meter Höhe in der Schwebe zu halten und dabei einmal nur mit dem Nick- und Roll-Hebel, also in den meisten Fällen mit dem rechten Steuerknüppel zu balancieren.

Dazu stellt man den Quadrocopter in vier bis fünf Meter Entfernung so wie weiter oben besprochen mit Blick auf das Heck vor sich hin und stellt die Nase, also das Vorderteil in den Wind, sofern ein laues Lüftchen vorhanden sein sollte. Bei mehr Wind sollte man den Erstflug vertagen. In jedem Falle sollte man schon beim Abheben immer den Blick auf das Heck haben.

Jetzt lässt man die Motoren anlaufen und gibt etwas mehr Gas. Wenn die weiter oben beschriebene Trimmung richtig gemacht wurde, dann sollte sich der Quadrocopter mindestens vor dem Abheben nicht mehr um die Hoch-Achse drehen. Wenn er das zu diesem Zeitpunkt trotzdem noch tun sollte, muss man das Gas zurücknehmen und noch einmal etwas nachtrimmen. In jedem Falle sollte man vor jedem Flug darauf achten, dass man den Quadrocopter immer wieder mit dem Blick auf das Heck vor sich hinstellt.

Nun gibt man einen kräftigen Gasstoß, um das System in die gewünschte Höhe von einem Meter zu bringen und nimmt das Gas anschließend wieder etwas zurück, sodass es diese Höhe auch halten kann. Nun konzentriert man sich zuerst auf die Balancierung mit den Nick- und Roll-Achsen. Wenn der Quadrocopter sich nach hinten auf einen zu bewegt, gleicht man das mit einer leichten Nick-Bewegung nach vorne aus. Wenn er sich nach vorne von einem wegbewegt, zieht man den Knüppel leicht zu sich hin. Genau gleich macht man das mit der Roll-Achse. Wenn er also nach rechts wegdriftet, bewegt man den Knüppel der Fernsteuerung etwas nach links, wenn er nach links wegdriftet, bewegt man ihn nach rechts. Wenn sich der Quadrocopter dabei etwas um die Hoch-Achse wegdreht, sollte man versuchen, sich ebenfalls in diese Richtung zu drehen, sodass man immer möglichst den Blick auf das Heck hat. Nur so bewegt sich der Quadrocopter ja eben auch in dieselbe Richtung wie die Knüppel. Wenn sich das System etwas von einem wegbewegt, kann man auch etwas hinterher gehen, um immer etwa den Abstand von vier bis fünf Metern zu halten. Je nachdem, wie groß der Platz zum Üben ist, kann man das auch eine längere Zeit machen. Mit schon etwas mehr Übung kann man dann versuchen, den Quadro- oder Multicopter mit der Steuerung der Nick- und Roll-Achse an Ort und Stelle schweben zu lassen, wenngleich man sich selbst vielleicht auch noch etwas mit ihm mitdreht, weil man die Hochachse zuerst noch nicht gleichzeitig steuert.

Landen sollte man in jedem Falle sofort, wenn man nicht mehr den Blick aufs Heck hat und auch dann, wenn der Abstand mehr als die vier bis fünf Meter beträgt.

Weitere Flüge

Der Flugschüler wird schnell merken, dass die ersten Flüge stark an der Substanz zehren und dem Adrenalinspiegel in die Höhe schnellen lassen. So sind Flüge von einer halben Minute zu Beginn eher die Ausnahme. Sie liegen eher in der Größenordnung von zehn oder zwanzig Sekunden. Deshalb wird man sehr viele solche Flüge machen. Dabei muss jedoch immer auf den Ladungszustand des Akkus geachtet werden. Die heutigen Systeme weisen meistens Gesamtflugzeiten von mehr als zehn Minuten auf und man sollte unbedingt darauf achten, bei der aufaddierten Zeit der einzelnen Flüge noch entsprechende Reserven zu haben. Dazu hilft im einfachsten Falle eine einfache Stoppuhr. Viele Systeme haben aber auch Warnsysteme eingebaut. Das ist entweder eine Flugzeitanzeige beim Sender oder es werden Ton- oder Lichtsignale ausgegeben, wenn sich die Akkuladung dem Ende zuneigt. In jedem Falle sollte man zum Üben immer über genügend Schubreserve verfügen, denn eine Landung mit einem fast leeren Akku ist nicht immer einfach. Abgesehen davon vergrößert es auch dessen Lebensdauer und damit die Anzahl der Ladezyklen, wenn er am Ende der Flüge jeweils noch nicht ganz leer ist.

Das ist die Phase des Übens, welche wirklich nicht abgekürzt werden kann und auch entsprechend Zeit benötigt. Nach und nach werden sich dann auch einige Erfolgserlebnisse einstellen. Man wird merken, dass man selbst immer mehr Kapazität frei hat, um nicht nur den Nick- und Roll-Knüppel, sondern zusätzlich auch noch den sich meistens auf der linken Seite befindenden Gier- und Gas-Knüppel zu betätigen. So wird man den Quadrocopter bald einmal so um die Hoch-Achse steuern können, sodass man dann auch zu jeder Zeit das Heck sieht, ohne sich jeweils mit dem System mitdrehen zu müssen.

Zunehmend wird man auch den Nick- und Roll-Knüppel wie natürlich mitbewegen und es wird zur Selbstverständlichkeit, dass man mit diesen Achsen korrigiert, wenn das System Anzeichen macht, davon zu driften.

Man sollte sich von Anfang an angewöhnen, während des Fluges nicht auf die Knüppel der Fernsteuerung zu schauen. Der Blick sollte immer auf den Quadro- oder Multicopter gerichtet sein. Dort geschieht ja am Ende die Bewegung, welche man mit der Fernsteuerung auslöst. Und es ist diese Bewegung, welche man mit der Fernsteuerung kontrollieren muss.

Landung

Jeder Flug ist immer nur gerade so gut, wie die anschließende Landung. Das gilt auch für jedes noch so erfolgreiche Schweben. Beschädigungen treten nun einmal fast nie im Flug auf, sondern eben meistens erst dann, wenn das Fluggerät mehr oder weniger sanft mit dem Boden in Kontakt kommt. Deshalb sollen die ersten Flüge auch immer auf etwa einem Meter Höhe stattfinden. Wenn man auf dieser Höhe das Gefühl hat, man könne seinen Quadro- oder Multicopter nicht mehr beherrschen, beispielsweise weil er zu stark nach einer Seite ausbricht, weil er sich zu schnell um die Hoch-Achse dreht oder weil man die Orientierung zum System verloren hat, kann man einfach das Gas zurücknehmen. Einen mehr oder weniger harten Bodenaufschlag aus einem Meter Höhe überstehen die meisten heute verfügbaren und zum Üben sinnvollen Quadrocopter ohne Schaden. In jedem Falle ist es im Zweifelsfall immer sicherer, das Gas wegzunehmen, als mit falschen Steuerbefehlen die Sache weiter zu verschlimmern, etwa, dass er noch mehr an Höhe gewinnt und noch dazu weiter von einem wegfliegt.

Wenn man aufgrund von einer etwas zu starken Gasstellung schon etwas höher als einen Meter schwebt und ebenfalls die Gefahr spürt, man könne den Quadrocopter nicht mehr beherrschen und die Orientierung verlieren, sollte man den Nick- und Roll-Knüppel in die Mittelstellung bringen und versuchen, zuerst stufenweise das Gas wegzunehmen, sodass die Landung nicht ganz so hart wird. Das kann aber in der Theorie

Abbildung 102: Heckschweber, Blick auf das Heck eines Octocopters (Foto: Heinz Büchi)

leichter gesagt oder hier geschrieben werden, als man es in der Praxis tun kann.

Der beste Fall ist selbstverständlich immer der, bei welchem man im kontrollierten Schwebeflug die Landung bewusst vornehmen möchte. Hier nimmt man das Gas nur ganz leicht zurück, sodass der Quadrocopter in einen leichten Sinkflug übergeht. Während des Sinkens betätigt man weiter den Nick- und Roll-Knüppel und versucht so gut wie möglich die Position zu halten. Auch hier kann man je nach Übungsstand zusätzlich auch versuchen, die Hoch-Achse mit dem Gier-Hebel zu kontrollieren, sodass man auch während der Landephase immer den Blick auf das Heck hat. Sobald sich der Quadrocopter dann ganz kurz vor dem Bodenkontakt befindet, nimmt man das Gas noch mehr zurück und der Quadrocopter setzt auf dem Boden auf. Nun werden die Motoren in den Leerlauf zurückgefahren und schliesslich ganz abgestellt.

Bei einigen Systemen kann man beobachten, dass der Quadrocopter nach einer etwas härteren Landung noch einmal die Motoren aufheulen lässt und dann noch einmal einen Satz auf eine Höhe von ein paar Zentimetern nimmt, bevor er dann endgültig auf dem Boden aufsetzt. Das passiert aufgrund der internen Regler und der Sensoren, welche auch auf Beschleunigungsänderungen reagieren. Solche gibt es bei der Landung immer mehr oder weniger stark.

Über Bodenmerkmalen schweben

Um möglichst gut an Ort und Stelle schweben zu können, kann man auch versuchen, sich an Bodenmerkmalen zu orientieren. Systeme, welche das autonom können, gibt es auch in der Technik und Forschung. Diese fotografieren mit einer eingebauten Kamera den Untergrund und versuchen selbstständig, über speziellen Merkmalen zu schweben. Das kann beispielsweise der Übergang zwischen Asphalt und Rasen, eine Struktur von Gartenplatten oder auch größere Blätter sein. Was sich die Technik zunutze macht, kann auch zur Übung für den Quadro- oder Multicopter-Piloten dienen. Dann hält man diese Merkmale selbst ebenfalls im erweiterten Blickfeld, während man seine Konzentration weiterhin dem Quadocopter widmet. Das ist nicht für alle geeignet, da es speziell zu Beginn der Übungsphase noch weitere Aufmerksamkeit für etwas bedeutet, das nicht den Quadrocopter selbst betrifft. Für eine etwas fortgeschrittene Übungsphase kann es jedoch durchaus hilfreich sein.

Der Heckschweber

Mit noch mehr Übung kann man dann versuchen, in einer Entfernung von vier bis fünf Metern und in einer Höhe von zwei Metern zu schweben. Selbstverständlich sollte man dann die Funktionen von beiden Fernsteuerungsknüppeln zur Steuerung benützen. Zusammengefasst sind das also:

- die Nick- und Roll-Funktion um die Position zu halten
- die Gas-Funktion um die Höhe zu halten
- die Gier-Funktion um die Orientierung und den Blick auf das Heck zu halten

Auch die Flugzeiten sollten nun länger werden. Allmählich werden einem nun auch Flugzeiten über einer halben Minute nicht mehr den Schweiß auf die Stirn treiben. Man benötigt dann zwischen den Flügen auch keine längeren Pausen mehr. Am Ende sollte man so weit fortgeschritten sein, dass man gar nicht mehr merkt, wie die Zeit sprichwörtlich wie im Fluge vergeht. Wenn man den zu Beginn der Übungsphase zuweilen eher einen Flugstress als einen Flugspaß empfunden hat, so wird sich dieser mit der Beherrschung des Heck-Schwebeflugs zunehmend einstellen.

Jetzt ist man ein sogenannter Heckschweber. Die Definition dazu könnte etwa folgendermaßen umschrieben werden: man beherrscht den Flug nach den Abbildungen 101 und 102 und man fliegt diesen mehrere Minuten bis zu einer ganzen Akkuladung ohne Schweisstreiben durch. Das jedoch wichtigste Merkmal eines Heckschwebers soll ganz am Ende dieses Unterkapitels stehen: man empfindet während des Flugs zusätzlich eine Genugtuung und es stellt sich der Spaß an der Sache ein.

9.6 Wegdrehen und erste Figuren

Viele Quadrocopter-Piloten sind stark an der Technik interessiert, so beispielsweise auch daran, wie man mit mitgeführten Kameras Fotos erstellen kann. Mit GPS und elektronischem Kompass gesteuerte Systeme haben manchmal sogar einen Betriebsmodus eingebaut, mit welchem man das System unabhängig von seiner Orientierung immer so steuern kann, dass es sich in die gleiche Richtung bewegt wie die Knüppel. Aus diesen Gründen haben viele gar kein Interesse an kom-

Abbildung 103: Wegdrehen von der Heck-Schwebelage, gieren

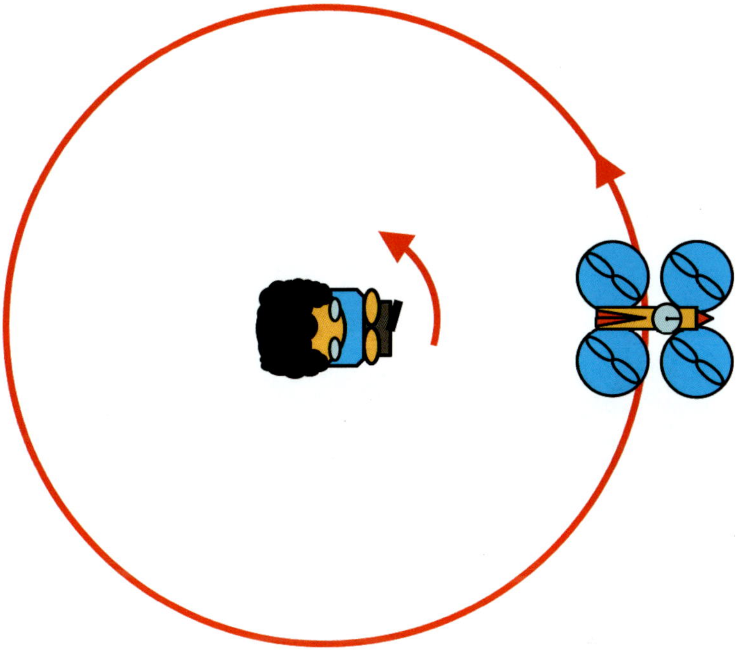

Abbildung 104: Heck-Kreis

plizierteren Fluglagen und betreiben ihre Quadrocopter immer im Heck-Schwebeflug.

Wenn man es jedoch zusätzlich noch beherrscht, das System mit dem Gier-Knüppel auch aus der Heck-Schwebelage herauszudrehen, dann wird es auch möglich, in der Luft Figuren zu fliegen. Die Abbildung 103 zeigt, wie das gemeint ist.

Hierbei entsteht jetzt die Schwierigkeit, dass die Bewegungen der Fernsteuerknüppel für Nick und Roll vom Piloten aus gesehen nicht mehr ganz genau den Bewegungen des Quadrocopters entsprechen. Man stelle sich den Extremfall vor, bei welchem dieser sogar so stark weggedreht würde, dass die Nase zu einem hinzeigt, dass man ihn also von vorne sehen würde. In dieser Fluglage wären diese Funktionen dann genau umgedreht. Dass dies mehr an Konzentration und Übung verlangen würde, ist selbstverständlich klar. Und genau das soll in diesem und den nächsten Kapiteln beschrieben und gelernt werden.

Leichtes Drehen, Heck-Kreis

Die erste Voraussetzung für alles, was nun folgt, ist, dass man den im letzten Kapitel besprochenen Heck-Schwebeflug sicher beherrscht. Genauso, wie dort im Notfall eine Landung durchgeführt wurde, wird man hier immer wieder auf die Heck-Schwebelage zurückzudrehen versuchen. Selbstverständlich sollte man wieder nicht zu hoch fliegen, sodass man auch hier das Gas wegnehmen und landen kann, sobald man die Orientierung verlieren würde. Das wäre dann jedoch ein guter und sicherer Hinweis dafür, dass man sich noch einmal der Heck-Schwebelage zuwenden sollte und diese noch einmal gut übt.

Als erste Übung sollte man den Quadrocopter in der Hochachse vorsichtig ganz leicht in eine Richtung wegdrehen und sich dabei selbst mit einem oder zwei Schritten so mitbewegen, dass man dann wieder hinter seinem Quadrocopter steht. So befindet man sich dann wieder in der Heck-Schwebelage, nur hat man sich im Vergleich zum Start zusammen mit seinem Quadrocopter leicht gedreht.

Wenn man das konsequent weiter betreibt, sodass am man sich am Ende einmal um die eigene Achse gedreht hat und den Quadrocopter dabei immer wieder in der Heck-Schwebelage positioniert hat, so hat man bereits zum ersten Mal

Abbildung 105: Heck-Kreis, Blick auf den Quadrocopter vom Piloten aus gesehen (Foto: Heinz Büchi)

eine einfache Figur in den Himmel gezeichnet, nämlich den sogenannten Heck-Kreis. Abbildung 104 zeigt diesen. Bei dieser Figur sollte man aber nicht bis zur Perfektion verweilen, mit immer schnelleren Drehungen um die eigene Achse. Man kann sie nämlich nur langsam durchführen, damit einem nicht schwindelig wird. Selbstverständlich wird das zu Beginn nicht ein schöner runder Kreis sein. Nach einigen Runden kann man aber den Abstand zum Quadro- oder Multicopter immer besser konstant halten und kommt so auch der Kreisform immer näher.

Die Quer-Schwebelage

Nach und nach sollte man eher versuchen, sich immer weniger mitzudrehen, sodass der Quadro- oder Multicopter auch einmal bewusst leicht seitlich zur eigenen Position steht. Man wird dabei auch in diesen Flugbewegungen immer sicherer werden. Irgendwann wird man dann an Ort und Stelle stehen bleiben und kann den Quadrocopter leicht weg- und zurückdrehen. Die Drehung um die Hochachse wird in der Fachsprache auch „Gieren“ genannt, auf Englisch heisst sie „Yaw“, entsprechend der Bezeichnung des Knüppels bei der Fernsteuerung.

Zuerst wird man die Drehung nur um einen ganz kleinen Winkel beherrschen. Diesen vergrössert man danach stetig und nach einer gewissen Zeit wird man seinen Quadrocopter so steuern können, wie es die Abbildung 106 zeigt.

So kann man dann aus der Heck-Schwebelage (Phase 1) eine Viertel-Umdrehung in die Quer-Schwebelage wegdrehen (Phase 2), sodass der

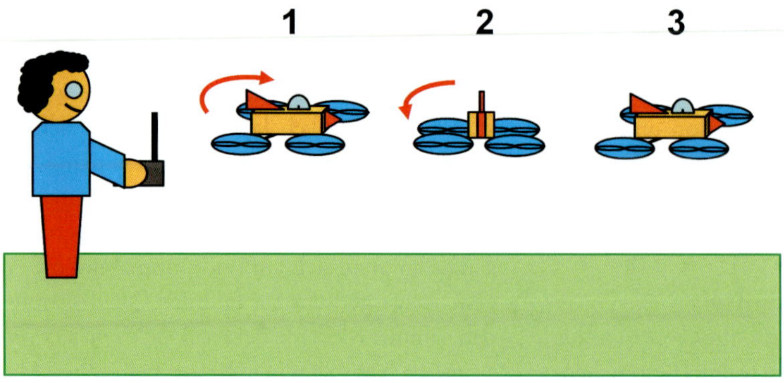

Abbildung 106: Von der Heck-Schwebelage in die Quer- Schwebelage und wieder zurück

Abbildung 107: Quer-Schwebelage

Abbildung 108: Quer-Schwebelage eines Quadrocopters vom Piloten aus gesehen (Foto: Heinz Büchi)

Abbildung 109: Quer-Schwebelage eines Octocopters vom Piloten aus gesehen (Foto: Heinz Büchi)

Quadrocopter für eine kurze Zeit im rechten Winkel vor einem steht, bevor man ihn wieder in die ursprüngliche Lage (Phase 3) zurückdreht. Auch das wird zu Beginn nicht schön an Ort und Stelle geschehen. Aber es kann durch mehrere Versuche immer weiter präzisiert werden, sodass diese Figur schliesslich gut geflogen werden kann.

Es ist zu Beginn immer noch ein grosser Unterschied, ob man nach dem Erreichen der Quer-Schwebelage (Phase 2) sofort wieder zurückdreht (Phase 3), oder ob man diese über eine gewisse Zeit halten kann. Letzteres benötigt wieder etwas mehr Übung. Auch der Autor, welcher alle hier vorgestellten Fluglagen und Figuren fliegt, muss dies nach längeren Flugpausen von einigen Wochen jeweils wieder einüben, bis er es wieder kann. Die in der Abbildung 106 dargestellte Figur beherrscht also derjenige gut, welcher kont-

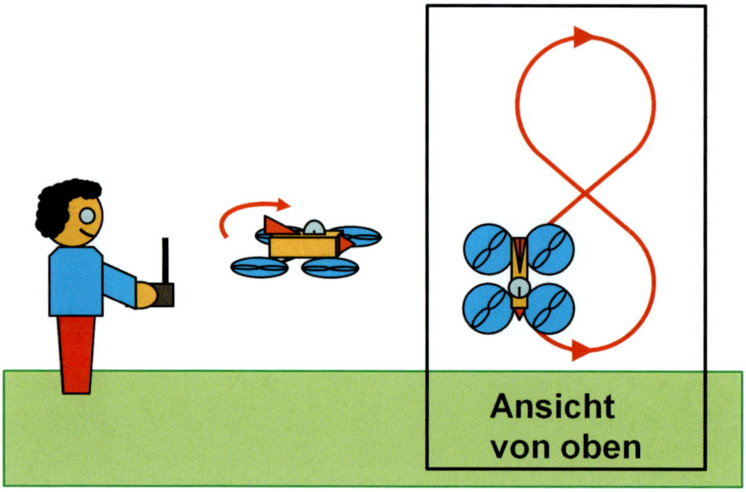

Abbildung 110: Quergestellte Acht

rolliert von Phase 1 bis zu Phase 2 drehen kann, dann über eine gewisse Zeitspanne bei dieser verbleibt und anschliessend kontrolliert zu Phase 3, also wieder zurück in die Heck-Schwebelage wechselt.

Und auch die Drehung auf die andere Seite will gut geübt werden. Sobald man die auf der Abbildung 106 gezeigte Figur sicher beherrscht, wird es einem relativ leicht fallen, auch auf die andere Seite zu drehen, wieder bis zu einer Vierteldrehung hin. Am Ende beherrscht man diese Figur mit der Drehung auf beide Seiten gleich gut und kann insbesondere auch in den Phasen 2 verharren, in den Quer-Schwebelagen also. Man kann den Quadrocopter also auf beide Seiten quer stellen und ihn so steuern, dass er an Ort und Stelle bleibt. Die Abbildungen 107, 108 und 109 zeigen diese Quer-Schwebelage.

Die quergestellte Acht

Nun ist es an der Zeit, eine erste in sich geschlossene Figur zu fliegen, nämlich eine quergestellte Acht.

Die Abbildung 110 zeigt mit einer Ansicht von oben, wie das gemeint ist. Der Vorteil einer quergestellten Acht ist, dass man in den beiden Rundungen jeweils in der Heck-Schwebelage mit einer Bewegung um die Nick-Achse vorwärts fliegen kann. Das ist in der Darstellung dort, wo die beiden Pfeile eingezeichnet sind. Dazwischen muss der Quadrocopter jeweils quergestellt werden, so wie es in der letzten Figur von Abbildung 107 geübt wurde. Insbesondere muss man so während der ganzen Figur nie in die schwierige Fluglage „Nasenflug" wechseln, in welcher einem der Quadro- oder Multicopter entgegenfliegen würde. Der Vorwärtsflug ist in diesen quergestellten Positionen mit einer zusätzlichen leichten Bewegung um die Nick-Achse realisierbar und auch die Geschwindigkeit wird so kontrolliert. Eine höhere Geschwindigkeit realisiert man mit etwas mehr „Nick" und eine tiefere mit etwas weniger „Nick". Die Figur der quergestellten Acht ist dann relativ einfach zu erlernen, wenn man die vorangehenden Übungen gut beherrscht. Die ersten Achten werden wahrscheinlich noch ziemlich eckig herauskommen, mit Drehungen am Ort und dann gefolgt von Vorwärtsbewegungen. Doch wer erst einmal eine ganze Acht geschafft hat, wird seinen Gefallen daran finden und sie nach und nach so zu fliegen erlernen, dass sie so schön herauskommt, wie wenn man sie mit einem Malstift direkt in die Luft zeichnen würde. Die Größe der Figur ist etwas abhängig von der Sichtbarkeit der Orientierung und der Größe des Quadrocopters, aber auch von den Platzverhältnissen.

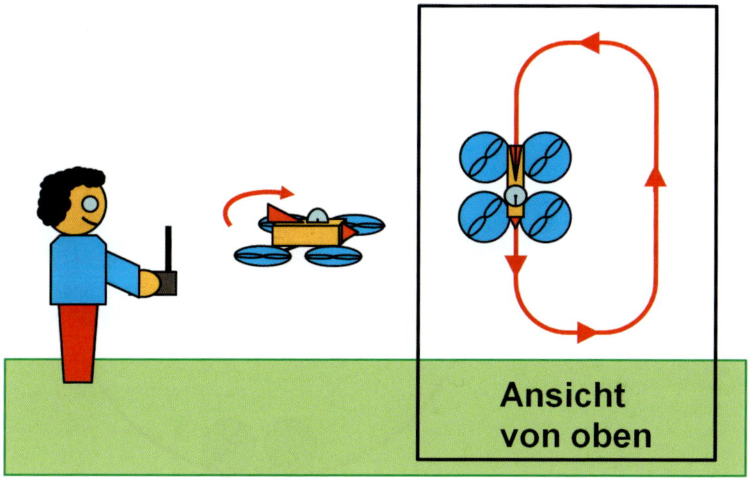

Abbildung 111:
Rechteck

In der Anfangsphase sollte man deshalb nicht zu große quergestellte Achten fliegen. Mit etwas mehr Übung kann man sie dann auch in verschiedenen Höhen und Größen fliegen. Da man die Orientierung des Quadrocopters mit zunehmender Flugsicherheit nicht mehr nur sieht, sondern sie auch aufgrund des Flugverhaltens spürt, wird man sich auch zu etwas weiteren Figuren trauen.

Der Orientierungsverlust

An dieser Stelle soll ein kleiner Einschub zur Orientierung beziehungsweise eben zum Orientierungsverlust platziert werden. Sobald man erste Figuren zu fliegen erlernt, wird man seinen Quadrocopter um die Hochachse drehen, wie es oben beschrieben wurde. Dabei wird es einem in der Übungsphase das eine oder andere Mal passieren, dass die Orientierung in der Luft verloren geht. Das ist deshalb eine schwierige Situation, weil man dann nicht mehr weiß, in welche Richtung eine Nick- oder Roll-Bewegung wirkt. Hierbei sollte man die Nick- und Roll-Hebel einfach loslassen und einfach versuchen, etwas Gas wegzunehmen, sodass man einigermaßen sicher landen kann. Wenn er die Orientierung im Flug erst einmal verloren hat, ist es für den Anfänger in der Praxis fast unmöglich, diese wieder zurückzugewinnen.

9.7 Schwierigere Flugfiguren, der Nasen-Schwebeflug

Bei allen bis hierhin diskutierten Flugfiguren konnte es vermieden werden, dass der Quadrocopter dem Piloten entgegengeflogen ist. Das wird sich in diesem Kapitel ändern. Die in der Folge beschriebenen Flugfiguren sind als Übungen dazu gedacht.

Das Rechteck

Die Abbildung 111 zeigt einen Flug in einem Rechteck.

Diese Figur ist nur auf den ersten Blick mit der weiter oben behandelten quergestellten Acht vergleichbar. Bei genauerer Betrachtung stellt man fest, dass sie eine Flugphase beinhaltet, bei welcher der Quadrocopter dem Piloten entgegenfliegt und somit auch alle Bewegungen den Knüppelbewegungen entgegengesetzt ausgeführt werden. Diese Figur ist deshalb schwieriger zu fliegen als die quergestellte Acht. Ganz zu Beginn wird man es so halten, dass man diese Flugphase so kurz wie möglich hält. Man wird also von der einen Quer-Schwebelage (in der Abbildung von unten nach oben) zur anderen Quer-Schwebelage (in der Abbildung von oben nach unten) eine etwa 180°-Wende machen. So wird aus dem Rechteck zuerst einmal etwas Ähnliches

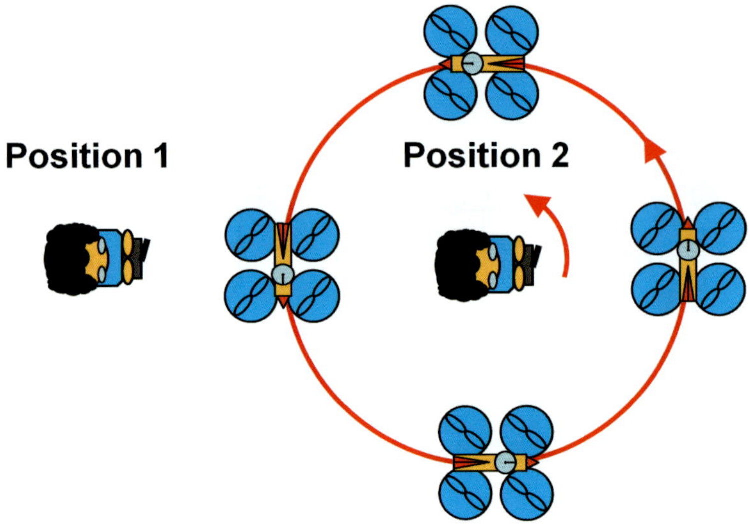

Abbildung 112: Seiten-Kreis mit zwei Positionen des Piloten

wie ein Dreieck. Wenn man auf diese Weise erst einmal eine komplette Figur geflogen hat, wird man nach und nach versuchen, die Flugphase mit dem Entgegenflug zu verlängern, sodass tatsächlich ein richtiges Rechteck entsteht. Auch dieses wird man am Ende in verschiedenen Höhen und Größen beherrschen.

Der Seiten-Kreis

Eine zum Rechteck sehr ähnliche Flugfigur ist der Seiten-Kreis, welcher in der Abbildung 112 gezeigt wird. Im Unterschied zum Rechteck werden hier nicht mehr nur einzelne Geradeausflug-Passagen mit Drehungen am Ort kombiniert, sondern man versucht, während des gesamten Flugs die Drehung mit dem Geradeausflug zu koppeln. Man wird in der Praxis versuchen, vom Rechteck auszugehen und die mit dem Gier-Hebel durchgeführten 90°- Drehungen mit zusätzlichen leichten Nick-Bewegungen etwas runder auszugestalten. Das kann man dann so lange weiterentwickeln, bis sich die nächste 90°-Drehung nahtlos an die vorangegangene reiht und die Phasen allmählich ganz verschwinden, bei welchen man beim Rechteckflug geradeaus geflogen ist.

So fliegt man den Seitenkreis, zuerst wieder noch nicht ganz rund, später jedoch immer näher an der Abbildung. Nun ist es auch an der Zeit, die eigene Position bei den Flugfiguren zu überdenken. Die Position, in welcher man sich bei einem Übergang von der Rechteck- zur Seiten-Kreis-Figur befindet, ist Position 1. Hier bewegt man sich selbst nicht und man hat den Quadrocopter immer vor sich im Blickfeld. Möglicherweise beherrscht man aber die Flugfigur in der Position 2 einfacher. Bei dieser befindet man sich im Zentrum der Flugfigur, muss sich aber während des Flugs um die eigene Achse drehen, damit man den Quadrocopter immer sieht.

Der Begriff Seiten-Kreis lässt sich mit der Position 2 gut erklären. Der Pilot sieht seinen Quadrocopter während der ganzen Flugfigur immer von der Seite. Der Seiten-Kreis lässt sich so auch gut mit dem Heck-Kreis von der Abbildung 104 vergleichen. Dort sieht man ja immer das Heck.

Die längsgestellte Acht

Zwischen der weiter oben behandelten quergestellten Acht und der hier dargestellten längsgestellten Acht wird deshalb unterschieden, weil die längsgestellte Acht schwieriger zu beherrschen ist. Die Abbildung 113 zeigt diese Flugfigur.

Diese Figur fliegt der Pilot nicht quer, sondern längs zu sich selbst. Insbesondere gibt es

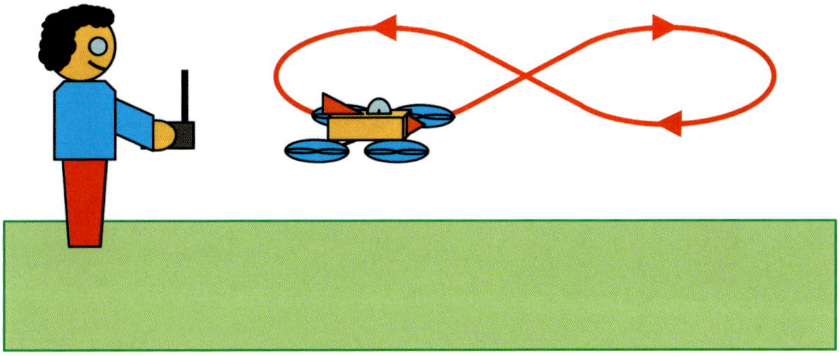

Abbildung 113:
Längsgestellte Acht

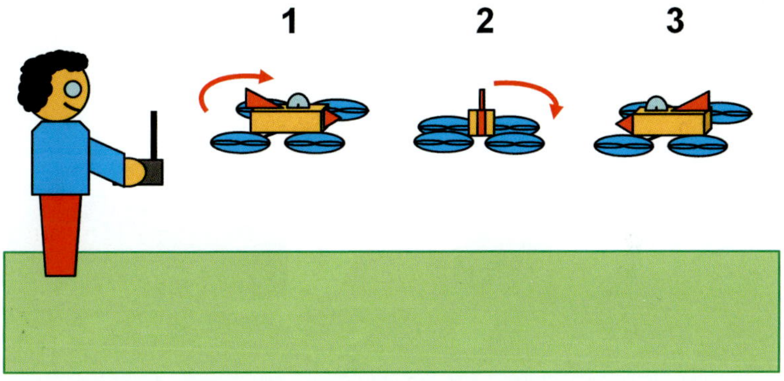

Abbildung 114:
Von der Heck-Schwebelage über die Quer-Schwebelage zur Nasen-Schwebelage

hier im Gegensatz zur quergestellten Acht eben auch eine lange Flugphase, während welcher ihm der Quadro- oder Multicopter entgegenfliegt. Da aber auch die vorangegangenen Flugfiguren schon Elemente des Entgegenflugs beinhalteten, wird auch diese Acht nach einigen Übungen sicher beherrschbar.

Hier muss man jedoch auch gewährleisten können, dass man genügend Platz vor sich hat. Es ist beim Entgegenflug auch sehr wichtig, dass man den Quadrocopter rechtzeitig abdrehen kann, bevor dieser einem zu nahe kommt. Auf einem freien Feld ist es auch möglich, etwas nach hinten auszuweichen, wenn der Platz vorne nicht mehr ausreicht. Im Notfall hilft auch hier eine Landung mit der Leergasstellung.

Der Nasen-Schwebeflug

Bei allen bis hierhin behandelten Flugfiguren war der Entgegenflug immer mit einer Vorwärtsbewegung gekoppelt. Noch etwas schwieriger wird es nun, wenn der Quadrocopter dabei an Ort und Stelle schweben soll. Die Abbildungen 114 bis 116 zeigen, wie das gemeint ist.

Diese Schwebelage nennt man Nasen-Schwebeflug. Erreicht wird dieser nach der Abbildung 114, wenn man ausgehend von der Heck-Schwebelage (1) zuerst zur Quer-Schwebelage (2) wegdreht und danach versucht, noch weiter zu drehen. Das Vorderteil von Hubschraubern und Quadrocoptern wird Nase genannt. Wenn man diese Nase beim Steuern von vorne sieht, einem der Quadrocopter also entgegenschaut, nennt man das Nasen-Schwebelage (3) oder Nasenflug. In dieser Fluglage sind die Bewegungen der Nick- und Roll-Achse den Bewegungen des Fernsteuerknüppels genau entgegengesetzt. Zieht man also den Nick-Hebel, neigt sich der Quadrocopter nach hinten und beginnt, von einem wegzufliegen. Drückt man den Hebel nach vorne, neigt sich das Fluggerät nach vorne und beginnt, einem entgegenzufliegen. Analog dazu bewirkt eine Be-

Abbildung 115: Nasen-Schwebelage oder Nasen-Schwebeflug

Abbildung 116: Nasen-Schwebeflug mit einem Octocopter, vom Piloten aus gesehen (Foto: Heinz Büchi)

wegung des Roll-Hebels nach links vom Piloten aus gesehen eine Neigung nach rechts und eine Bewegung nach rechts eine Neigung nach links. Der Quadrocoper beginnt auch in die jeweiligen Neigungen zu driften, also vom Piloten aus gesehen ebenfalls den Hebeln entgegengesetzt.

Um diese Fluglage sicher zu beherrschen, bedarf es wieder einiger weiterer Übung. Das Ziel ist es jedoch, dass der Quadrocopter am Ende ohne Driftbewegung in die eine oder andere Richtung mit von vorne sichtbarer Nase vor einem herschwebt, so wie es in den Abbildungen 115 und 116 dargestellt wird. Sobald man es sicher beherrscht, in der Heck-, der Quer- und der Nasen-Schwebelage zu fliegen und in diesen solange man es möchte zu verharren, kann man viele weitere Flugfiguren auf diesen aufbauen.

9.8 Nasenkreis, Promenade, Pirouette, Funnel

Wenn man den Heck-, Quer-, und Nasen-Schwebeflug beherrscht, wird es auch spannend in der Kombination mit dem Vorwärtsflug oder seitlichen Driftbewegungen. Hier gibt es weitere gut erlernbare Flugfiguren.

Der Nasen-Kreis

Die Abbildung 117 zeigt in Ergänzung zum Seiten-Kreis in der Abbildung 112 den Nasen-Kreis. Dieser kann wie der Seiten-Kreis ebenfalls mit zwei verschiedenen Positionen des Piloten geflogen werden. Wieder etwas einfacher zu beherrschen ist die Position 2, bei welcher sich der Pilot im Zentrum des Kreises befindet und sich mit dem Quadro- oder Multicopter mitdreht.

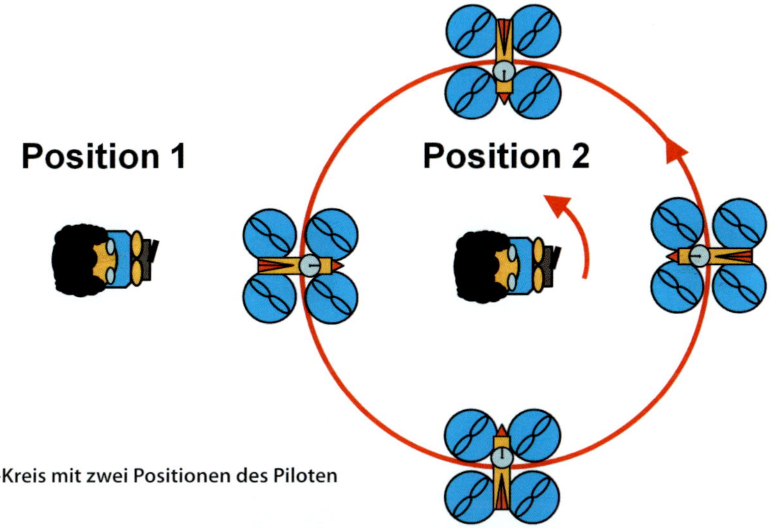

Abbildung 117: Nasen-Kreis mit zwei Positionen des Piloten

Abbildung 118: Nasen-Kreis vom Piloten aus gesehen (Foto: Heinz Büchi)

Er bringt ihn dazu zuerst in eine stabile Nasen-Schwebelage. Dann beginnt er, ihn mit dem Roll-Hebel der Fernsteuerung weg zu driften. Die Bewegung des Quadrocopters erfolgt in der Nasen-Schwebelage von ihm aus gesehen wieder in die andere Richtung. Zugleich muss jeweils auch noch die Orientierung mit dem Gier-Hebel ausgeglichen werden und auch der Pilot selbst muss sich mitdrehen. Mit etwas Übung gelingt bald einmal eine gleichmäßige Kreisbewegung, bei welcher sich der Quadrocopter immer etwa im gleichen Abstand vom Piloten befindet und dieser immer den Blick auf die Nase hat. Eine weitere Kunst dabei ist es auch, dass die Anstellung des Quadrocopters um den Roll-Winkel während der ganzen Umdrehung immer gleich groß ist, damit er eben auch immer gleich schnell driftet.

Dann kann man es auch versuchen, in der Position 1 stehen zu bleiben und sein Fluggerät eine Nasen-Runde vor sich machen zu lassen. So ist die Flugfigur etwas schwieriger zu beherrschen, da man eben aus Sicht des Piloten während des Kreises von der Nasen-Schwebelage zu einer Seiten-Schwebelage wechselt, und dann in eine Heck-Schwebelage kommt, bevor man über die andere Seiten-Schwebelage wieder in die Nasen-

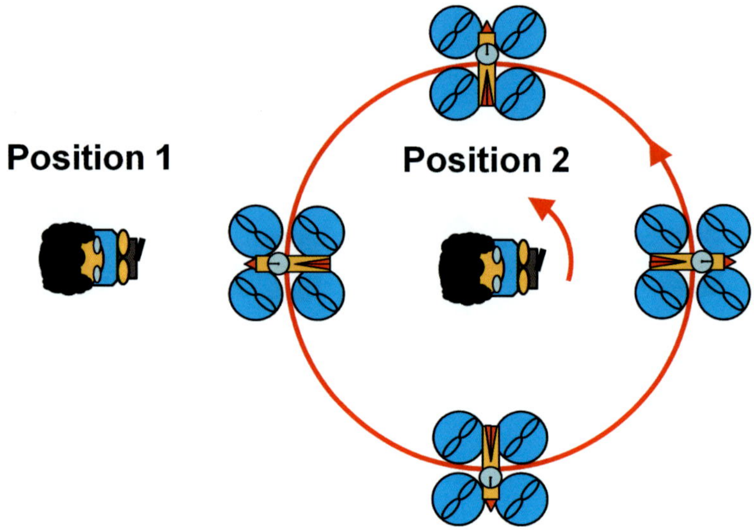

Abbildung 119: Heck-Kreis mit zwei Positionen des Piloten

Schwebelage übergeht. Immer muss man dabei auch den Roll-Hebel betätigen und gleichzeitig auch noch darauf achten, dass der Kreis einigermaßen schön herauskommt.

Der Heck-Kreis

Die Piloten-Position 2 des in der Abbildung 119 dargestellten Heck-Kreises wurde bereits weiter vorne bei der Besprechung der Abbildung 104 besprochen.

In dieser Position ist ja immer nur das Heck des Quadrocopters zu sehen. Deshalb handelt es sich auch um eine sehr einfache Flugfigur und sie ist eben auch für den Einstieg geeignet.

Wesentlich schwieriger ist der Heck-Kreis aus der Position 1 zu beherrschen, ähnlich schwierig wie der oben besprochene Nasen-Kreis aus derselben Position 1. Da sich der Pilot nicht mit dreht, werden hier wieder die Heck-, Quer- und Nasen-Schwebelage alle nacheinander durchlaufen. Sinnvollerweise wird die Figur mit einigem Abstand mit Blick auf das Heck gestartet. Dann dreht man den Quadrocopter nach links in die Quer-Schwebelage. In der Nasen-Schwebelage befindet er sich am nächsten zu einem selbst und, nachdem man ihn nach rechts und wieder in die Quer-Schwebelage gedreht hat, bewegt man ihn schließlich wieder in die Ausgangsposition. Auch hier wird einem nicht gleich auf Anhieb eine schöne Kreis-Flugbahn gelingen, welche man auch mit einer gleichmässigen Bewegung des Roll-Hebels mit einer gleichmässigen Geschwindigkeit fliegt. Nachdem man aber einige Runden gedreht hat, wird auch das immer besser werden.

Promenade

Der Begriff Promenade kommt aus dem Französischen und bedeutet Spaziergang. Die Abbildung 120 zeigt, wie das zu verstehen ist. Hier ist es der Quadrocopter, welcher an Ort und Stelle bleibt. Dafür bewegt oder spaziert der Pilot um ihn herum. Auch für diese Figur wird die Beherrschung sämtlicher Schwebelagen vorausgesetzt. Beginnend mit der Heck-Schwebelage sieht der Pilot sein Fluggerät nach einer Viertelumdrehung in der Quer-Schwebelage, nach einer halben Umdrehung in der Nasen-Schwebelage, um in der zweiten Hälfte der Figur wieder über die Quer-Schwebelage zur Ausgangsposition mit der Heck-Schwebelage zu gelangen.

Die Schwierigkeit bei dieser Figur ist, dass man den Quadro- oder Multicopter zu jedem Zeitpunkt an derselben Stelle halten muss. An-

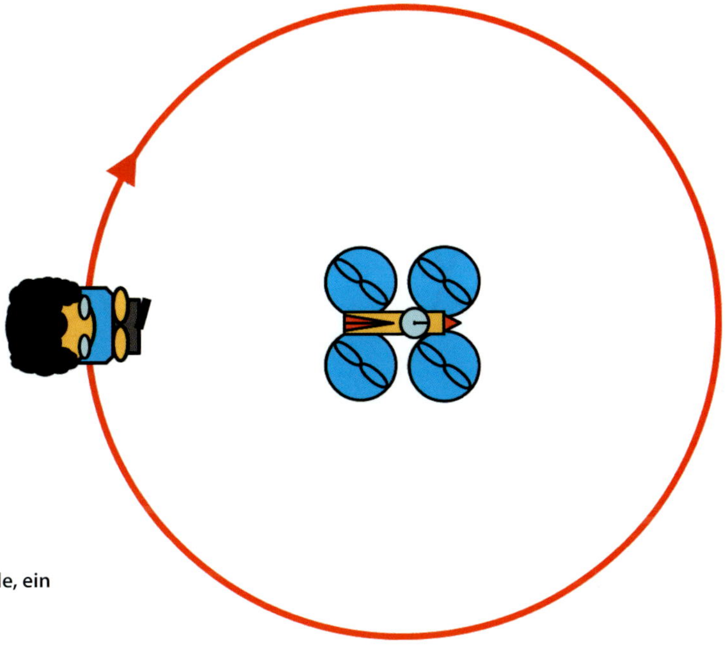

Abbildung 120: Promenade, ein Spaziergang des Piloten

Abbildung 121: Pirouette, Drehung um 360° um die Hoch-Achse

ders ausgedrückt heißt das auch, dass die Qualität der Flugfigur „Promenade“ daran gemessen wird, wie gut das gelingt. Man darf sich also durch seine eigene Bewegung nicht aus der Ruhe bringen lassen, sodass er plötzlich davondriftet. Zu Beginn ist man schon zufrieden, wenn man wenigstens zu jeder Zeit die Orientierung gleich halten kann. Wie bei den vorherigen Flugbewegungen ist auch dazu wieder einige Übung nötig, bis dies zur vollen Zufriedenheit funktioniert.

Pirouette und Kreispirouette

Eine Pirouette ist eine Drehung um 360° um die Hoch-Achse nach Abbildung 121. Diese Flugfigur ist für sich allein relativ einfach zu beherrschen. Wichtig ist es, dass man die Drehung möglichst am Ort durchführen kann, da man mehrere Pirouetten oftmals zu weiteren Figuren kombiniert. Dazu lässt man den Nick- und Roll-Hebel in der Mittelstellung stehen und betätigt nur den Gier-Hebel in die eine oder andere Richtung.

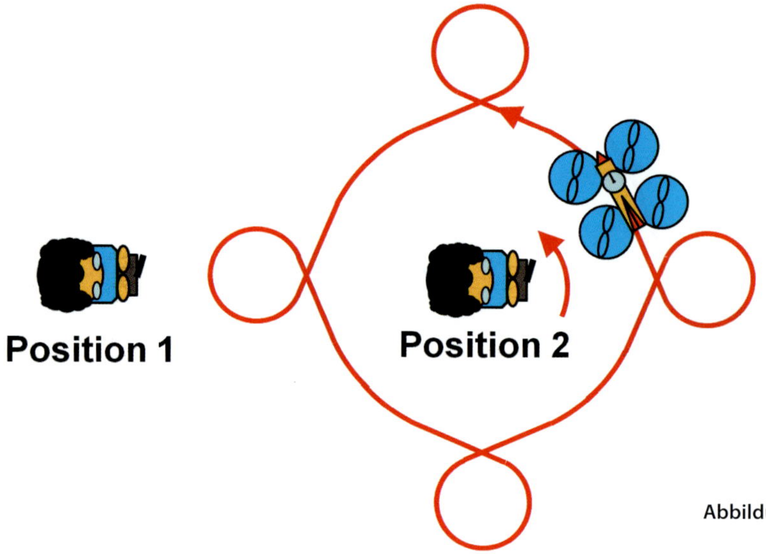

Abbildung 122: Kreispirouette

Es ist mit dieser und auch den folgenden Flugfiguren bei einigen Quadro- und Multicoptern möglich, dass die eingebauten Sensoren nach einer solchen Umdrehung etwas die Orientierung verlieren, ähnlich wie beim Menschen, dem es bei Drehungen um die eigene Achse auch schwindelig werden kann. So dreht er sich möglicherweise noch etwas weiter, obwohl man den Fernsteuer-Hebel wieder in die Neutrallage stellt. Auf das sollte speziell auch dann geachtet werden, wenn man mehr als eine Umdrehung macht. Wenn sich das nach etwas Schwebeflug nicht wieder stabilisiert und die Drehung nicht aufhört, sollte man sofort landen.

Jetzt ist es auch möglich, einen Kreisflug mit mehreren solchen Pirouetten zu verbinden. Die dadurch entstehende Flugfigur ist in der Abbildung 122 dargestellt und wird Kreispirouette genannt. Es wird hier eine Kreispirouette mit vier Drehungen gezeigt. Selbstverständlich sind aber auch Kreispirouetten mit weniger oder auch mehr Pirouetten möglich. Auch die Kreispirouette kann wieder in der Piloten-Position 1 oder 2 geflogen werden, mit einem jeweils ähnlichen Schwierigkeitsgrad.

Funnel

„Funnel" ist die englische Übersetzung von Trichter. Diese Figur wird auch „Pie Dish" genannt. Um sie zu fliegen, beginnt man am besten mit einem Nasen-Kreis nach der Abbildung 123. Man fliegt ihn mit einem relativ engen Radius in der Piloten-Position 1, also so, dass man die ganze Flugfigur vor sich durchführt und sich selbst nicht mitdreht. Während man mehrere Umdrehungen fliegt, verändert man zusätzlich den Nick-Winkel etwas aus der Waagerechten heraus in Richtung des Kreis-Zentrums und gibt auch etwas mehr Gas, um die Höhe zu halten. Eigentlich würde der Quadrocopter so ja nach vorne zu driften beginnen. Da man ihn aber durch das Nasen-Kreisen in eine permanente Drehung versetzt, kann das Zentrum des Funnels mit etwas Übung trotzdem an Ort und Stelle gehalten werden. Je nach Fortschritt kann man den Nick-Winkel dann mehr und mehr vergrößern. Von einem eigentlichen Funnel sprechen die Piloten von Modellhubschraubern ab einer Neigung der Nick-Achse von 45°, aber auch schon kleinere Winkel um die 20° bis 30° versprechen schon ganz „funnelige" Flugerlebnisse.

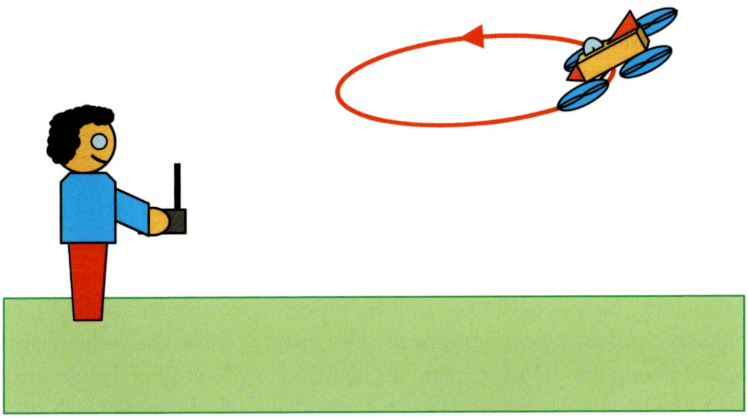

Abbildung 123: Funnel

Abbildung 124: Tic-Toc

Auch bei dieser Flugfigur ist es bei einigen Quadrocoptern möglich, dass die Sensoren durch den Flug etwas verstimmt werden und man deshalb nach dem Funnel landen muss. Nicht alle Hersteller haben ihr System eben darauf ausgelegt, dass die Piloten damit Kunstflug-Figuren fliegen. Beim Kauf sieht man einem System leider nicht an, ob es für solche Flugfiguren gemacht ist. Die Qualität der Inertial Measurement Unit IMU bestimmt im Zusammenspiel mit den Achsen-Reglern für Nick, Roll und Gier, ob Funnels, Pirouetten oder auch die in den nächsten Kapiteln beschriebenen weiteren Flugfiguren gut ausgeführt werden können. Viele kameratragende Systeme sind dafür eher weniger geeignet.

In der Abbildung 123 ist der Funnel so dargestellt, wie er oben beschrieben wurde, also mit der Nase zum Zentrum hin. Es ist grundsätzlich auch möglich, den Funnel mit dem Heck zum Zentrum hin auszuführen, also auf der Basis eines Heck-Kreises. Der Schwierigkeitsgrad eines solchen Funnels ist dann noch etwas höher einzustufen.

9.9 Tic-Toc, Snake

Die hier besprochenen Flugfiguren orientieren sich alle an den RC-Hubschraubermodellen. Ein Quadrocopter kann jedoch nicht stabil über Kopf, also in der Rückenlage geflogen werden. Dazu müssten die Rotoren nicht drehzahl- sondern Pitch-gesteuert sein. Aus diesem Grunde sind mit den Pitch-gesteuerten RC-Hubschraubern auch mehr und noch schwierigere Flugfiguren möglich. Von all diesen sollen hier noch die beiden im Titel erwähnt werden, und zwar mit einer Vereinfachung, sodass der Flug mit Quadrocoptern eben auch gut möglich wird.

Die Tic-Toc-Flugfigur wird in der einfachsten Form wie in der Abbildung 124 geflogen. Hier werden das Heck und die Nase mit dem Nick-

Hebel abwechselnd auf- und abbewegt. So ergeben sich dann zwei Stellungen, ähnlich wie beim Pendel einer alten Uhr. Auch der Name lehnt sich an das Uhrengeräusch, das Tick-Tack, an. Mit einem Quadro- oder Multicopter ist auch ein Tic-Toc um die Roll-Achse möglich. Dazu wird der Roll-Hebel hin und her bewegt und der Quadrocopter pendelt dabei nach links und nach rechts.

Bei den kunstflugtauglichen Helikoptermodellen wird Tic-Toc auch noch in ganz anderen Fluglagen geflogen, beispielsweise mit einer halben Drehung um die Längsachse. Es ist jedoch bei allen Figuren gemeinsam, dass sich das Modell immer in zwei Stellungen hin und her bewegt.

Auch die Snake-Figur muss für die drehzahlgesteuerten Quadrocopter etwas vereinfacht durchgeführt werden. Mit dem Heck oder der Nase voraus werden mehrere möglichst gleich große Kreissegmente aneinandergereiht, sodass sich eine schlangenlinienförmige Flugbewegung ergibt. Anschließend wird das in die entgegengesetzte Richtung wiederholt, sodass sich der Quadrocopter am Ende wieder an derselben Position befindet wie zu Beginn der Figur. Mit Pitch-gesteuerten RC-Hubschraubern werden zusätzlich auch noch Roll-Bewegungen durchgeführt. Dann bewegen sie sich auch von der Normal- zur Rückenfluglage und wieder zurück.

9.10 Speedflug und Loopings, Flips

Beim Speedflug wird der Quadrocopter in der Nick-Richtung nach vorne angestellt. Je stärker er angestellt wird, desto größer ist der Anteil der Propeller-Schubkraft, welche nach vorne wirkt und desto schneller ist auch der Vorwärtsflug. Um die Höhe zu halten, wird dann auch mehr Schub benötigt, da der Anteil der nach oben wirkenden Schubkraft kleiner wird. Dies wurde mit dem weiter vorne dargestellten Kräftedreieck in Abbildung 34 erklärt. Die maximale Geschwindigkeit wird dann erreicht, wenn der Gas-Hebel ganz nach oben gezogen ist und der Quadro- oder Multicopter dabei so angestellt ist, dass er im daraus folgenden Vorwärtsflug geradeaus fliegt.

Auf diese Weise lässt sich mit Quadrocoptern Speedflug mit 50 km/h oder auch mehr betreiben. An die Geschwindigkeiten von Modellflugzeugen reichen sie freilich nicht ganz heran, doch immerhin lassen sie sich ähnlich steuern wie diese. Die Roll-Achse der Quadrocopter entspricht der Quer-Achse bei den Modellflugzugzeugen. Diese wird oftmals passiv durch die V-Form der Tragflächen stabilisiert. Bei kunstflugtauglichen Modellen ist die V-Form nicht ausgeprägt oder gar nicht vorhanden und die Stabilisierung erfolgt über die Quer-Ruder. Ein solches Modellflugzeug lässt sich in der Steuerung am ehesten mit dem Quadrocopter vergleichen.

Im Unterschied zu den Modellflugzeugen sind die Quadro- oder Multicopter völlig symmetrische Fluggeräte. Das heißt auch, dass es nicht darauf ankommt, ob man sie anstatt nach vorne nach hinten oder auch in Richtung der Roll-Achse anstellt. So ist es prinzipiell auch möglich, mit der gleichen maximalen Geschwindigkeit rückwärts oder auch seitlich zu fliegen. Somit ist ein Quadro- oder Multicopter im Flug schon wesentlich flexibler, als man es vom Modellflugzeug her kennt, welches schon aus aerodynamischen Gründen nur den Vorwärtsflug kennt.

Wie beim Flug aller weiter oben dargestellten Flugfiguren ist es auch beim Speedflug wichtig, dass man jederzeit Kenntnis der aktuellen Fluglage und -Orientierung hat. Nur so kann man die richtigen Steuerbefehle ausführen. Da der Quadrocopter beim Speedflug eben schnell weit wegfliegen kann, behilft man sich oftmals mit Depronaufbauten, um die Orientierung nicht zu verlieren.

Höhe versus Geschwindigkeit

Es ist immer möglich, aus Höhe Geschwindigkeit zu machen und umgekehrt. Das ergibt sich aus dem Prinzip der Energieerhaltung aus der Physik. Ein Quadrocopter, welcher sich auf einer gewissen Höhe befindet, hat Energie gespeichert, nämlich sogenannte potenzielle Energie oder Lageenergie. Genauso verhält es sich mit einem

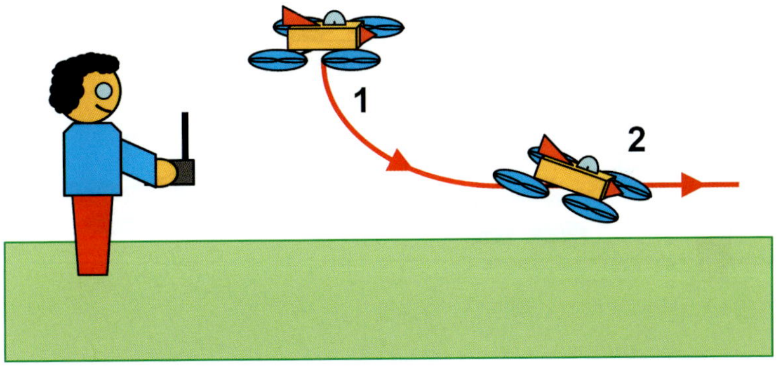

Abbildung 125: Geschwindigkeit aus Höhe machen

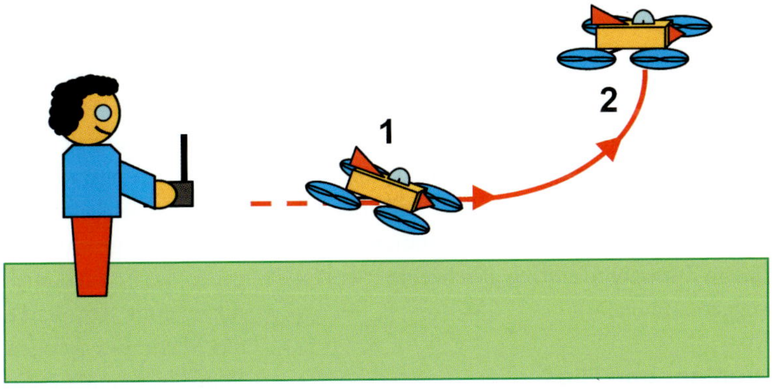

Abbildung 126: Höhe aus Geschwindigkeit machen

bewegten Quadrocopter, einem Quadrocopter also, welcher sich im Speedflug befindet, dieser hat Bewegungsenergie gespeichert. Die Energieerhaltung besagt nun, dass die eine Energieform in die andere überführt werden kann. Auf die Praxis übertragen heißt das eben, dass aus Höhe Geschwindigkeit entstehen kann und umgekehrt. Die Abbildungen 125 und 126 zeigen, wie das gemeint ist.

Auf der Abbildung 125 befindet sich der Quadrocopter zuerst auf einer gewissen Höhe im Schwebeflug. Nun wird er mit einer Nick-Bewegung leicht angestellt. Er verliert dabei sofort an Höhe und beginnt zu driften. Schon ist aus Höhe etwas Geschwindigkeit entstanden. Wenn man mit noch etwas mehr Nick anstellt und dabei auch noch die Gasstellung erhöht, verliert der Quadrocopter auch etwas an Höhe und nimmt aufgrund der starken Anstellung ziemlich schnell Fahrt auf. Die zu Beginn in der Höhe gespeicherte potenzielle Energie hilft so also mit, dass sich der Quadrocopter nur kurze Zeit später schon mit einer beachtlichen Geschwindigkeit vorwärts bewegt.

Wer also seinen Quadrocopter möglichst gut auf eine Endgeschwindigkeit beschleunigen möchte, darf zu Beginn also ruhig aus etwas Höhe starten. Auch erfahrene Piloten von Modellflugzeugen bedienen sich dieses physikalischen Effektes, um hohe Geschwindigkeiten zu erzielen. Sie geben aus einer gewissen Höhe Vollgas zusammen mit etwas Tiefenruder und erreichen so mit etwas Respektabstand vom Boden ansehnlichen Speed.

Die Abbildung 126 zeigt den umgekehrten Fall, bei welchem aus einer Vorwärtsbewegung Höhe gewonnen wird. Der Quadrocopter ist dabei zuerst angestellt und befindet sich auf einem

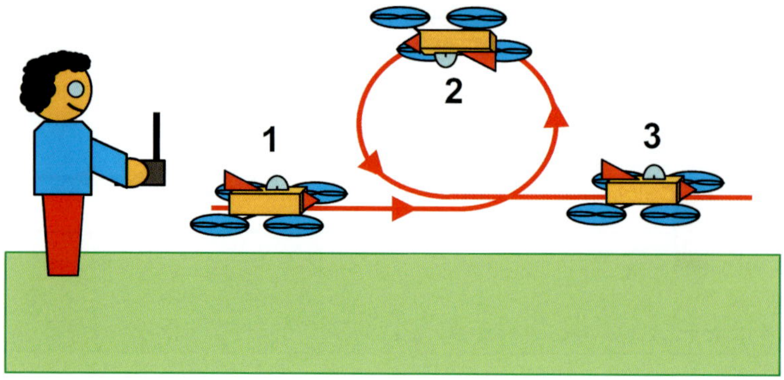

Abbildung 127: Looping

Vorwärtsflug. Mit etwas Nick nach hinten, beziehungsweise ziehen am Steuerknüppel, wird der Quadrocopter in die Horizontallage gebracht. Er bremst dabei ab und gewinnt dann sofort auch an Höhe. Es ist selbstverständlich auch möglich, ohne einen Gewinn an Höhe abzubremsen. Zu diesem Zweck wird einfach gleichzeitig etwas Gas weggenommen.

Loopings und Flips

Viele Quadrocopter sind mit einer Winkelregelung ausgestattet. Das heißt, dass eine Bewegung des Nick- oder Roll-Hebels bei der Fernsteuerung eine um einen Winkel angestellte Nick- oder Roll- Achse erzeugt. Der Winkel ist dabei je größer, desto größer die Bewegung des Hebels ist. Um Loopings oder Flips auszuführen, muss aber für eine kurze Zeit über Kopf geflogen werden. Somit muss der Winkel auch kurzzeitig größer werden können, als es der Hebel der Fernsteuerung erlaubt.

Einige Systeme behelfen sich deshalb mit einer Spezialfunktion auf einem weiteren Fernsteuerungskanal. Damit kann ein fest einprogrammierter Looping oder Flip ausgelöst werden und der Quadrocopter führt diesen dann selbstständig aus.

Wenn der Looping jedoch handgesteuert ausgeführt werden soll, muss die Winkelregelung mindestens kurzzeitig ausgeschaltet werden. Hierzu kann bei einigen Systemen auf einen Winkelratenmodus umgestellt werden, bei welchem nicht der Winkel selbst, sondern dessen Änderungsrate geregelt wird. Diese Art der Regelung wird oftmals auch „Heading Hold" genannt. Das geschieht entweder durch einen eigenen Fernsteuerkanal oder die Steuerelektronik erkennt, dass der Fernsteuerhebel kräftig auf das Maximum gezogen wurde, und schaltet die Winkelregelung für die Dauer des Loopings aus.

Die Abbildung 127 zeigt den Flug eines Loopings. Ganz wichtig ist es dabei, dass dieser zu Beginn aus einer gewissen Höhe gestartet wird. Man sollte schon etwas Luft unter den Propellern haben. Man zieht den Nick-Hebel kräftig an und nimmt etwas Gas weg. Wenn genügend Platz vorhanden ist, kann man den Nick-Hebel kurz vorher auch etwas drücken, um etwas Fahrt aufzunehmen. Idealerweise ist das Gas während des Überschlages sehr gering. Zu diesem Zeitpunkt ist ja der Schub umgedreht und zeigt in Richtung Erde. Noch während des Überschlags oder kurz danach wird das Gas wieder angezogen. Der Nick-Hebel ist dann in der Mittelstellung. Der Quadrocopter wird so wieder sauber abgefangen. Saubere Loopings sind rund, so wie sie in der Abbildung dargestellt sind. Zu Beginn wird man jedoch schon froh sein, wenn der Überschlag so gelingt, dass kein Absturz daraus folgt. Nach und nach werden die Loopings dann auch runder.

Der Flip ist eigentlich so etwas wie ein Looping auf kleinstem Raum. Mit etwas Übung gelingt es, den Überschlag fast am Ort vorzunehmen. Es wird zwischen einem Vorwärts- und Seitenflip unterschieden. Der Vorwärtsflip ist, wie der oben beschriebene Looping eine Drehung um die Nick-Achse. Einen Vorwärtsflip kann ein geübter Pilot im Idealfall sogar im Wohnzimmer mit einem Meter Höhe durchführen. Automatisierte Systeme schaffen das auf Knopfdruck ebenfalls in diesen engen Raumverhältnissen. Der Seitenflip ist eine Drehung um die Roll-Achse. Es ist auch möglich, einen solchen Seitenflip zusätzlich noch mit einem Vorwärtsflug zu kombinieren. So entsteht dann eine Rolle. Sie kann aber nicht ganz so schön geflogen werden, wie mit einem Pitch-gesteuerten Hubschrauber, da eben nur der Schwebezustand in der Horizontalen stabil ist.

Loopings und Flips können bei Quadro- und Multicoptern gleich wie bei Helikoptern mit zusätzlichen Pirouetten kombiniert und geflogen werden. In diesem Falle betätigt man zusätzlich zur Bewegung des Gas- und Nick- bzw. Roll-Hebels für den Looping, Vorwärts- oder Seitenflip auch noch den Gier-Hebel. So werden während des Loopings und Flips noch eine oder sogar mehrere Umdrehungen um die Hoch-Achse ausgeführt. Die Flugfigur wird dann Pirouettenflip oder auch kurz Piroflip genannt. Sie stellt noch einmal eine weitere Steigerung des Schwierigkeitsgrads dar. Ganz ausgebuffte Piloten führen sogar mehrere solcher Pyroflips nacheinander aus. Man muss selbstverständlich auch hier ganz genau darauf achten, dass man während des Fluges nicht die Orientierung verliert. Außerdem ist wie schon bei den oben besprochenen Flugfiguren auch hier die Gefahr sehr groß, dass die Sensorik diese Bewegung nicht gut mitmacht und die Fluglage danach nicht mehr korrekt wiedergibt. Eine sofortige Landung ist dann unvermeidlich.

In jedem Fall sollte man die letzten hier besprochenen Flugfiguren nur dann wagen, wenn man alle vorhergehenden wirklich sehr gut beherrscht. In der Übungsphase wird es wohl den einen oder anderen abgebrochenen Propeller oder Ausleger geben. Auch Motorlager könnten dabei in Mitleidenschaft gezogen werden. Diese in den letzten Unterkapiteln gezeigten und besprochenen Flugmanöver weisen steigende Schwierigkeitsgrade auf. Je schwieriger die Figuren zu fliegen sind, desto anfälliger wird der Quadro- oder Multicopter somit auch auf Abstürze und damit verbundene Beschädigungen. Das liegt halt in der Natur der Sache. Wer den Figurenflug mit Quadrocoptern also praktizieren möchte, sollte sich wenn möglich ein mehr oder weniger großes Ersatzteillager zulegen, damit er die Teile auch schnell wechseln kann.

Die Beschreibung dieser Flugfiguren zeigt, dass auch mit den Quadro- und Multicoptern durchaus anspruchsvolle Flugmanöver möglich sind, jedoch mit einigen Einschränkungen gegenüber der Pitch-gesteuerten Hubschraubern. In jedem Falle ist es aber so, dass erfahrene Hubschrauber-Piloten es sehr einfach und schnell lernen, auch mit den Quadrocoptern zu fliegen. Der Autor hat auf einem Flugtag jedenfalls einmal einen Wettbewerbs-Hubschrauberpiloten gesehen, welcher einen ihm in die Hand gegebenen Quadrocopter mit einer derart schnellen Abfolge von schwierigen Flugfiguren in der Luft herumgewirbelt hat, dass man mit zuschauen und staunen kaum nachgekommen ist.

Ob der Quadrocopter-Pilot einige oder alle von diesen Flugmanövern übt, sei jedoch ihm selbst überlassen. Es ist so wie mit allem. Man lernt es in jungen Jahren viel einfacher als später. Die Speed- und Flugfiguren-Piloten beherrschen mehrere der oben beschriebenen Flugfiguren. Sie fliegen die Quadro- und Multicopter ähnlich wie Modellflugzeuge und -Hubschrauber mit großem Flugspaß. Die sogenannten „Heckschweber" sind diejenigen, welche immer so gieren, dass die Nase von ihnen weg zeigt. Auch sie haben großen Spaß an ihrem Hobby, sie montieren Kameras, Kompasse oder sogar GPS auf ihren Systemen und erfreuen sich der wunderbaren Technik, welche dies alles möglich macht.

Ausklang

Das vorliegende Fachbuch möge etwas dazu beitragen, das ungemein faszinierende Hobby Quadrocopter möglichst vielen Interessierten näher zu bringen. Wer es bis hierhin gelesen hat, besitzt einen guten Überblick über das, was es zu kaufen und zu bauen gibt. Es soll auch als Entscheidungshilfe dazu dienen, in welche Richtung man sich bei der Ausübung von diesem Hobby entwickeln möchte. Es gibt dabei ganz viele verschiedene Möglichkeiten. Der eine möchte mit seinem Quadrocopter vielleicht gerne Speed- und Kunstflug betreiben und dabei viele tolle Luftfiguren fliegen. Ein anderer interessiert sich eher für den Scale- oder Semi-Scale-Modellbau und möchte gerne Fluggeräte nachbauen, welche es in der Realität schon einmal gab oder welche in Science-Fiction-Filmen vorkommen. Ein Dritter möchte sein System mit möglichst vielen zusätzlichen Sensoren ausrüsten, beispielsweise einem zusätzlichen Kompass, einem Luftdrucksensor und einem GPS. Dann möchte er damit vorprogrammierte Wegpunkte abfliegen oder den Quadrocopter einfach einmal automatisch an Ort und Stelle schweben lassen. Wieder ein anderer interessiert sich eher für den Fotoflug und möchte möglichst gute Fotos oder Filme von der Umgebung machen. Noch ein anderer Pilot möchte seinen Quadrocopter einfach nur gemütlich vor sich herschweben lassen. Vielleicht möchte er einmal eine Drehung um die Hochachse ausführen oder einmal per Knopfduck automatisch einen Flip um die Nick- oder Roll-Achse starten. Vielleicht hat auch jemand Interesse an kleinen Indoor-Quadrocoptern, mit welchen er auf dem Esstisch starten und landen kann und dann gekonnt um die guten Wohnzimmerpflanzen herumfliegen möchte.

Wo auch immer die Interessen liegen, fast für jede Ausprägung des technischen Modellbaus bietet das Quadrocopter-Hobby spannende Betätigungsfelder. Diese oben besprochenen Beispiele belegen diese Vielfalt sehr gut. Wahrscheinlich trägt gerade diese auch wesentlich dazu bei, dass die Quadrocopter sich in den letzten Jahren in allen Bereichen stark verbreitet haben, beginnend vom Spielzeug bis hin zu den professionellen fliegenden Kamerasystemen. Es zeigt sich auch, dass die verwendeten Techniken auf diesem Gebiet heute sehr große Fortschritte in kurzer Zeit machen. Niemand hätte es wohl noch vor einigen Jahren für möglich gehalten, dass sich heute fast jeder solche Systeme kaufen und diese herumfliegen lassen kann. Die sich selbstständig bewegenden und mit GPS gesteuerten Systeme können den Menschen aber auch Angst machen. Grundsätzlich ist es ja bereits eine Verletzung der Privatsphäre, wenn ein Quadrocopter mit einer Kamera in die Luft steigt und den Nachbarn bei der Gartenarbeit beobachtet. Die Fantasie lässt auch fast keine Wünsche offen, was mit diesen Systemen in der Zukunft noch alles möglich scheint, gerade mit der oben erwähnten sich ständig weiterentwickelnden Technik. Schon heute kann man deshalb auch beobachten, dass die Gesellschaft diese Fluggeräte manchmal mit etwas Skepsis wahrnimmt. Es ist immer das Neue und Unbekannte, welches sich bei der Menschheit zuerst einen guten Platz erobern muss.

Dies verpflichtet aber auch jeden Quadrocopter-Piloten zu einer großen Verantwortung. Neben der Freude am Hobby und neben der Herausforderung, immer die neuesten technischen Errungenschaften ausprobieren zu wollen, sollte sich ein jeder dazu verpflichten, die Quadrocopter und deren Eigenschaften nur so einzusetzen, dass sie allen Freude bereiten, so wie das beispielsweise beim Fotoflug der Fall ist. In diesem Sinne bleiben der Wunsch und die Hoffnung, dass diese Systeme in unserer Welt viel Positives bewirken mögen. Auf jeden Fall aber wünscht der Autor jedem heutigen oder zukünftigen Quadrocopter-Piloten viel Spass und Erfüllung bei der Ausübung seines tollen Hobbys.

10. Literatur

(1) Der Standschub von Propellern und Rotoren, Helmut Schenk, 2002

(2) Integrierte Navigationssysteme. Sensordatenfusion, GPS und Inertiale Navigation, Jan Wendel, Verlag Oldenbourg 2007, ISBN: 978-3-486-58160-7

(3) Global Positioning Systems, Inertial Navigation, and Integration, Mohinder S. Grewal, Lawrence R. Weill, Angus P. Andrews, Verlag: John Wiley & Sons, Inc. 2007, ISBN: 978-0-470-04190-1

(4) Das Depron Buch, Hinrik Schulte, Verlag für Technik und Handwerk neue Medien GmbH 2008, ISBN 978-3-88180-741-8

(5) Das große Buch des Modellflugs, Gerald Kainberger, Verlag für Technik und Handwerk neue Medien GmbH, 2010, ISBN 978-3-881-80793-7

(6) Das große RC-Heli-Buch, Frank Ulsenheimer, Verlag für Technik und Handwerk neue Medien GmbH, 2011, ISBN 978-3-881-80423-3

(7) Das Lipo-Buch, Ulrich Passern, Verlag für Technik und Handwerk neue Medien GmbH, 2012, ISBN: 978-4 3-88180-434-9

(8) Selbstbau von Brushless-Außenläufer-Motoren, Heinrich Hilgers, Neckar-Verlag 2006, ISBN 978-3-78830-683-0

(9) Regelungstechnik, Einführung in die Methoden und ihre Anwendung, Otto Föllinger, Hüthig Verlag 2008, ISBN: 978-3-7785-2970-6

(10) AVR: Hardware und C-Programmierung in der Praxis, Florian Schäffer, Elektor-Verlag 2008, ISBN 978-3-8957-6200-0